建設業者

はじめに

この世で最も心地よい空間に身を置きたければ、職人たちでごった返す建設中の工事現場を訪ねてみるとよい。

同じ作業を黙々と繰り返している不機嫌そうな若者。重機《じゅうき》の駆動音をも凌駕する大声で指示を出す親方。かと思うと、作業着を着ていなければどこかの研究者かと見まがうほど華奢《きゃしゃ》で色白な男が、小さなドライバーを回していたりする。取材と称して闖《ちん》入してきた余所者《よそもの》を一瞥《いちべつ》すると、皆、判で押したように興味なさげな素振りを見せ、目の前の仕事に戻っていく。

「写真は撮んないでよ。俺、指名手配中なんだから」。いかつい相貌《そうぼう》の年配の職人が、冗談とも本気ともつかない目でカメラを見据え〝威嚇〟すると、一服（休憩）中の職人たちからワッと笑いが上がり、途端に場の緊張がゆるんだ。関係者以外の人間とはむやみに交わりたがらない職人たちも、思い切って懐に飛び込むと、そのホスピタリティたるや高級ホテルの比ではない。余所者の不躾《ぶしつけ》な質問にも、あることないこと織り交ぜつつサービス精神旺盛に答えてくれる。

江戸っ子は　五月《さつき》の鯉の吹き流し　口先ばかりで　腸《はらわた》はなし

言葉づかいは荒いが腹に何もなく気性のさっぱりした江戸っ子気質をとらえた名文句だが、インタビューに答える彼らの言葉にも、妙な損得勘定や深謀遠慮がチラつくことはない。話を聞く側・聞かれる側の間にあるのは、聞く・答える、さらに聞く・答える、という、すがすがしいほど裏表のないやり取りだけである。なんでも聞いてくれ、ありのままに答えるから――取材する側にとって、現場の職人ほど気が晴れ晴れとする相手はない。建設現場を、「この世で最も心地よい空間」といった所以《ゆえん》である。

本書は、建築関係者のための月刊専門誌「建築知識」において、二〇〇七年八月号～二〇一〇年十一月号まで掲載された連載『現場の矜恃《きょうじ》』を、加筆修正のうえ再構成したものである。ゼネコンの下請けとして働く職人から、宮大工・社寺板金のような伝統的建造物に携わる職人まで、建築にかかわる三七人にインタビューした「職人ドキュメント」の完全版だ。

職人といってもその個性はさまざま。なかには「職人の技能五輪」のような催しで自身の技術を披露し、優秀技能者として賞賛される〝立派な〟人もいる。しかし、本書に登場する職人の多くは、そうした栄誉とは一切無縁の人生を送ってきた。技術的に劣るという意味ではない。自らの技術力のアピールとそれに伴う何らかの地位向上に、さほど重きを置いてこなかっただけである。

昨今、いかに川下から川上へさかのぼるか、使われる側から使う側へ立場を逆転させるか、そんな〝成功法則〟を説いた書物が書店の棚をにぎわしているが、少なくとも彼らの心的傾向に、そうした「成りあがり」的上昇志向は見当たらない。いつもの場所で、いつもの仕事を、いつものように完璧な状態にまで仕上げていくだけ。それ以外に関心はないかのようである。

そんな彼らの胸中にこそ、ものづくりの本質、労働の意義、組織運営の要諦が秘められているのではないか――それを覗いてみたいと思った。

巷《ちまた》のビジネス書が唱える、スマートに体系化された「仕事論」にはそろそろ食傷気味である。いまはもっと骨太で、肚《はら》の奥底にずしりと響く、ただし、事によると何の役にも立たないかもしれない、彼らだけの泥臭い本音に耳を傾けてみたい。

黙々と、淡々と、自らの腕だけを頼りに現場を渡り歩いてきた者だけが発し得る言葉が、必ず、そこにはあるはずだ。

目次

はじめに　3

鉄であれコンクリートであれ

鳶　湯本春美　思いやりで仕事が回る　12
クレーンオペレーター　千葉清和　勝負は一本目の柱で　18
鉄骨工　池田章　中途半端な人間が必要なときもある　24
非破壊検査　小高正雄　コンパニオンのように　30
鳶・土工　井上和之　ちゃんと働いていれば、ちゃんとした生活ができる　36
解体工　村上文朗　とにかく近所の人を大事にしてる　42
型枠大工　佐藤豊　親方の仕事は雰囲気づくり　48
ＡＬＣ建て込み　小堺恒昭　子供に見せられる仕事って　54
ウレタン吹き付け　大沢大嗣　それがこの仕事のちょっと哀しいところ　60

66 サッシ取り付け　北沢頼一　親の死に目にも会えないほどに
72 防水工　古田崇　誘われて、誘われて
78 板金工　下田守広　家業を継ぐ、技術をつなぐ

裏か、表か

86 給排水設備　小池猛　一本一本心臓から血管をつないでいくように
92 電気設備　保坂和弘　「最後」の仕事
98 石工　関田嗣雄　伝説の親方
104 タイル工　高橋政雄　それから、劇団に入団しました
110 左官工　浜名和昭　必ず誰かが見ている
116 ガラス工　三本正夫　機関銃はダメだけど
122 塗装工　ロバート・マティネス　「遊びながら」がちょうどいい

128 建具吊り込み　田辺敏之　未知のものを目の前にしたとき
134 カーペット張り　樋口仁朗　膝が命
140 畳張り　浜崎和馬　いろいろ誤解されているようで
146 突き板屋　山内英孝　もっとゆるくなれば
152 什器製作　藤倉英雄　自分の仕事を説明していく能力
158 家具造作　髙橋正宏　すべての人に受け入れてもらう

木と伝統に魅せられて

166 素材生産　塩野二郎　大事なのは人間の中身だからね
172 林業　田中惣次　誰が山を守ればいいのか？
178 製材　沖倉喜彦　いま、木がものすごくよく見えてきている
184 木挽き　東出朝陽　何が見えてくるかは、まだ分からない

190 曳家　飯嶋茂　どんな建物にも急所ってもんがある
196 洗い屋　海老沢博　クスリで洗ってるんじゃないんだよ
202 宮大工　金子浩晃　やりたい気持ちをどこまで抑えられるか
208 宮彫師　渡辺登　たとえ金儲けはできなくとも
214 社寺板金　本田三郎　リズムをつくって叩くだけ
220 瓦葺き　岩崎貴夫　最後は人柄を磨くしかない
226 表具師　下山馬吉　ノリバケ十年
232 塗師　牧野浩子　時代の流れに淘汰されていく世界で
238 あとがき

写真 西山輝彦
装丁 稲葉英樹、泉眞史(meu-jp) 校正 長澤徹 組版 指宿玲子

鉄であれコンクリートであれ

湯本組
湯本
kansai

鉄骨鳶《てっこつとび》 思いやりで仕事が回る

湯本春美

建設現場の高所で作業をする専門職を鳶という。なかでも鉄骨を組む作業などに特化しているのが鉄骨鳶だ。わずかな気の緩みが命取りとなる、常に危険と隣り合わせの仕事といえる。曰く、「いつもそばに死神が取り憑いているようなものだよ」。そんな親方には試行錯誤の末にたどり着いた、究極の安全対策があった。

――「鳶は現場の華」と言われますが、一方で非常に危険な作業が連続する職業でもあります。これまで事故に遭われたご経験などもあるのでは？

あったねぇ。いまでも覚えてるよ、四三歳のとき。十二月二八日、仕事納めの日だね。今日は早めに帰るぞと思って、(床だけ敷いてある)三階のフロアまで仲間の後片づけを手伝いに上ったの。五～六メートルの長い鉄筋がいっぱいあったかな、これを一カ所に集めようと思って持とうとしたんだね。向こう側にいた仲間は別の片づけをしてると思ったから、こちらは力いっぱい端っこを持ち上げたんだ、一人で動かさなきゃならないから。そしたら、向こうの仲間が気を利かして片方を持ってくれたわけ。こっちは一人で動かすつもりだから目一杯力を入れてるだろ？　力があり余っちゃってね。おっ!?て後ろを振り返ったときには、もう身体が半分オモテに出てた。しょうがないから、鉄筋から手を離して自分から飛び降りたよ。そうでもしないと後頭部から落っこちるからね。たしかに予定どおり脚から落ちたの。でも、右足がコンクリの上に乗っかっちゃったから、くるぶしがなくなっちゃった。それから丸三カ月入院。ありゃキツかったなぁ。それが治って、また鉄骨の上のほうに上がっていくじゃない？　そのときはやっぱり怖さを感じたな……人間だもんね。

――そうした危険とは常に背中合わせでしょうが、ずばり鉄骨鳶の魅力ってどこですか？

魅力というか……単純にこの仕事が好きなんだよね。あんたもそうだろうけど、自分の仕事には誇りってものを持ってるだろ？　それを簡単に捨てるわけにはいかないんだよ。俺の場合、学校を卒業して初めて就いた仕事がたまたまゼネコンの鉄骨関係だったって縁もあるけど、それからずーっと鉄一筋。だから、いまさら鉄から離れられないの。これは宿命だろうね。そう信じてるから、どの現場に行ってもね、「真心と誠意をもって品物を納める」、そういう気持ちで毎日やってますよ。

そのあたりの心構えは、うちの職人たちにも厳しく言ってあるの。たとえば、一日の仕事を終えて現場から帰るときは、自分の足跡を一つ残らずホウキで掃いて消してから帰るように、とかね。そこまでやらないと本当にいい仕事とは言えないよって。

――龍安寺《りょうあんじ》の石庭並みですね。

まあ、それくらいの気持ちでやらなければダメだという話。鉄骨の腹(ウェブ)に手や足の跡がついているのを見つけたら、それもすぐに拭き取るように言ってある。もし、この仕事のクライアントがそんな跡を見つけたらどう思うよ? 「なんであんな足跡がついてるの」って不愉快になるのは当然じゃない? そう言われる前に自分たちできれいにしておく。そこまで思いやれるようになって初めて、その人間は現場から信頼される職人になるの。

――現場を徹底的にきれいにできる職人であれば、本来の仕事にも十分信頼が置けそうですよね。

特に安全の面でね。現場をきれいにしておくことは安全対策にもつながるんだ。建設現場のモットーって今も昔もあるけど、昔は「生産第一・安全第二」だった。それが、しばらくすると「生産第一」から「品質管理第一」に変わった。いずれにしろ、いいものを早くつくれってことだね。だからってわけじゃないだろうけど、当時はヘルメットなんてかぶらないし、足も地下足袋だけだったよ。それが、時代が下ってくるにつれて、生産とか品質管理以前に、作業する人間の命のほうが大事だよなってみんな気づき始めた。そこでようやく「安全第一・品質第二」に順番が入れ替わった。いまはもう、何より安全が最優先の時代だから、ヘルメットはもちろん、安全帯《たい》(転落防止用のベルト)も二本つけて上がるようになってる。

要するに、いくら早く仕事を納められても、一つでも事故が起きれば全部パーでしょう。監督署に呼び出されて、そりゃ厳しく取り調べられる。作業しているわれわれが事故を起こせば、現場全体を管理している工事会社も監督責任を問われる。せっかく注文をくれた会社に、事故を起こして迷惑をかけるなんて絶対に許されないじゃない？　だから、現場をきれいにできない人間にこういう仕事をする資格はないの。そういうことですよ。

――技術はもとより、いかに安全に作業を遂行できるかが現在の鉄骨鳶には問われているわけですね。

そういうこと。鉄骨鳶の腕っていうのは、ある程度までいけばみんな同じレベルで落ち着きますよ。だから、それプラス常に安全に作業できる人。これがいい職人の条件だね。そのために必要なことって何だか分かる？

――何でしょう？

思いやりを持つってことだよ。俺がいつも職人たちに言ってるのは、まず他人に対して思いやりを持てってこと。たとえば、二〇年やっている職人と五年しかやっていない職人が一緒に仕事をするときは、必ず二〇年目の職人が五年目の職人のレベルに合わせてやる。そうすると、下の職人も自然と上の職人に思いやりを持つようになるの。常日頃から、こういうコミュニケーションが大切なんだよ。現場の職人が互いに思いやりを持って仕事をできなくなったら、途端に転落やら打撲やら、事故が絶えなくなるんだから。

――そうした「真理」に気づかれたのはいつ頃です

か？

　四五歳を過ぎてからかな。若いときは俺もやっぱりイライラしてよ、「もういいよ、分かんないんだったら俺がやるっ」って気持ちになってたもんだけど、ある程度歳をとって経営者としての自覚も芽生えてくると、結局は思いやりみたいなことが一番大切なんだなって気づくんだよね。

――思いやりを持ったコミュニケーションこそが最高の安全対策になる。

　そう。

　わが社のすごいところをもう一つ教えてあげようか？　それはね、現場の報告会をうちの台所に集まって必ず毎日やるところ。今日の現場のあれはどうだった、ここはこうしたほうがよかったってトコトンやり合う。これもまた思いやりなんだよね。思いやりっていうのは必ずかたちを変えて返ってきますよ。現に、いまやっている仕事なんて、これまで全然知らなかった会社からの注文だからね。これも思いやりの力。思いやりでうちの仕事は回ってるの（笑）。

――きっと、よい評判が広まっているのでしょうね。

　ついでに言っとくと、うちの職人たちは、万が一作業中に何かあっても大丈夫だよ。ほかの会社が入っていないような保険にもたくさーん入ってるから。ただ、そのおかげでこのところ俺はずーっと保険貧乏なの（笑）。仕方がないから、俺だけ毎日そうめんばっかり喰ってしのいでるわけだ。最近すっかり痩せちゃってね。それが目下の悩みの種だよ。

クレーンオペレーター
勝負は一本目の柱で

千葉清和

鉄骨の柱や梁《はり》など人力では動かせない建設資材を吊り上げ、運搬する重機がクレーンである。クレーンを操作する職人をクレーンオペレーター（通称オペ）という。レバー操作のタイミングや指先の力加減など、オペの現場は、想像を絶する技術と集中力が求められる世界だ。その所作はまるで、一撃必殺のスナイパーのようでもある。

――現場で見ていると、クレーンオペレーターの決断力にはいつも感心させられます。狭い商店街の一角で鉄骨ビルの建方《たてかた》（組み立て作業）をされるときなど、ブーム（クレーンの腕の部分）の位置やワイヤーを下ろすタイミングなど、一歩間違えれば大惨事の場面で、一つひとつ精確に冷静に作業されています。要所要所で「ここだ」と決断できるのは、やはり経験のなせる技なのでしょうか？

経験といえば経験ですが、そもそもオペレーターの皆が皆、そんなに優秀な人ばかりではないですよ（笑）。なかには、経験は積んでいるけど段取りに時間がかかりすぎて怒られるとか、仕事の流れを全然把握していなくて怒鳴られるとか、そんなオペもけっこういます。クレーンを動かすだけが仕事じゃないんで、そのあたりの判断力も重要ですね。

――クレーンの操作に関しては、身体能力の高さも求められますか？

運動神経は関係ないですね。どちらかといえばセンスの問題……なのかな？　たぶん外科の先生みたいなものです。同じ医者でも名医と呼ばれる、手術が上手な先生がいるじゃないですか。ああいう感じですかね、操作がうまいオペというのは。

――操作のうまい人は、ワイヤーの先を自分の指先のように自由自在に動かせる感覚があるものですか？

それはありますね。ワイヤーの先もそうだし、操作するレバーも指先の感覚一つで動かしているところがあります。あと気にするのはクレーンを制御する油圧のシューって音。このちょっとした音の違いを聴き分けながら細かい操作に反映させています。

――クレーンが自分の手のように動くまで何年くらいかかります？

うーん、三～四年ですかね。それくらい乗らないとクレーンの面白さは分からないだろうなぁ……。もちろん、最初は誰だってうまくいきません。資材を吊り上げたワイヤーがいつまで経ってもふらふら、ふらふら揺れて、全然自分の持っていきたいところに行かないんだから。それがある日突然、本当にある日突然、昨日まで全然できなかったのに、「その日」がくるとできるようになるんです。

――自転車に乗れるみたいなものですか？

そうそう。理屈じゃないんです、カラダで覚えるんです。ただ、事故が多くなるのもちょうど三〜四年目くらいのとき。ちょっと慣れてきて、「俺はクレーン乗りだ」なんていきがっていると、途端に事故を起こします。

――その壁を乗り越えてベテランの域に達すると、今度は同じような作業に飽きたりすることはありませんか？

それは全然ないですね。似たような現場はいくつもありますが、オペから見れば同じ現場は一つとしてないんです。仕事の単調さというより、楽しさのほうが大きいかもしれません。むしろ、ほかのオペがやりたがらない難しい現場のほうがやりがいもあるし、自分の腕を試せるので面白いですよ。

そういえば数年前、つき合いのある鉄骨鳶さんから突然電話がかかってきたことがありました。「いま建方の現場にいるんだけど、クレーンが帰っちゃって工事がストップしてんだ」と言うわけです。聞けば、敷地までの路地が狭くてクレーンが現場に入りそうにない（実際には左右一センチずつ余裕があったんですけど）、そんな狭いところにクレーンを入れる自信なんかないと言って、オペが帰ったらしいんですね。

――それでピンチヒッターとして？

そう、その日はたまたま空いていたんで、すぐに駆けつけてフンフンって鼻唄まじりに作業して帰ってきました。私を呼んでくれた鳶さんも鼻高々でしたね。周りの職人に、「どうよ？　普段俺たちと一緒にやってるオペはこれだよ～」って。それ以来、その現場を仕切っていた工事会社自体も、うちに仕事を出してくれるようになりました。

――高い技術力が顧客満足を支えているわけですね。

わが社のクレーンのリース料（オペレーター込み）は他社と比べると若干高いかもしれません。でも、どんなに悪条件の現場でも社員全員にやり遂げる技術と自信があるから、多少高くても継続して注文をいただけているんです。「手塩にかけた技術を高く買っていただく」。これが社長のモットー――らしいです。

――そうなると、現場の職人さんから「クレーンは千葉さんで」とご指名がくることもあるんじゃないですか？

けっこうありますね。そういうときは、まず現場を見に行きます。一通り状況を確認して、私でなくてもできそうなところは若い者に行かせます。難しそうなところは私が。

――カッコよすぎ（笑）。

もっとも現場の職人さんも、初めて一緒にやるオペのときは経験年数に関係なく〈この人はどれくらいのレベルかな？〉と見定めているところがあります。逆にこっちも相手の仕事を見ている。互いに牽制し合っているんですね。でも朝十時のお茶のときに、「オペさんもこっちに来て一服しなよ」って呼ばれればＯＫ。認められた証拠です。

――ということは、初めての現場では朝の二時間が勝負ですか？

もっと言えば、その日の一本目の柱を立てた時点で、すでに〝勝負〟はついています。建方のときなど、クレーンに向かって左右に倒れている柱を起こすのは簡単ですが、前後に倒れている柱を真っすぐに起こすのは難しいんです。それを、事もなげにすっと立てて、しかも一切揺らさない。これができれば何も言わなくても、〈このオペはやるな〉と相手に伝わります。逆に柱を起こした瞬間、揺れるんじゃないかと止めにくる職人さんがいます。そういうのを見ると、〈ああ、この人は普段あまり上手なオペさんと仕事をしていないのかな〉なんて、すぐに分かっちゃうんです。

――さながら剣豪小説の世界ですね。

といっても、こちらは別に偉そうにしているわけじゃありません。必要ならすぐにクレーンから降りて皆と一緒に汗を流しますし、クレーンを使わなくていいようなものでも気を利かせてすぐに吊ってあげます。オペによってはそういうことを嫌がる人もいますけど、そうやって自分から相手の懐に飛び込んでいかないと、お客様のかゆいところに手が届くような仕事はできません。それがゆくゆくは信頼につながっていくように思うんですよね。

ただし、相手の言うとおりにしていたら事故につながるかもしれないと思えば、たとえ喧嘩になってでもその頼みは断ります。ブームをあと一メートル伸ばせば吊り上げられるけど、その一線を越えるとクレーン自体がバランスを崩して転倒するかもしれない、そんなときです。最初にオペの決断力って話が出ましたけど、そういう意味での決断力というのは常に意識しておかないといけない仕事です。

鉄骨工《てっこつこう》

中途半端な人間が必要なときもある

池田章

鉄骨造の骨組となる鉄骨加工図の作成、工場での鉄骨加工、建設現場での鉄骨の組み立て、これらを一手に引き受けるのが鉄骨工である。現場では鳶と一緒に仕事を進めることも多い。鉄骨一筋四三年の池田氏は、そんな鉄骨工たちの司令塔的役割を担う、工場のまとめ役だ。しかし、当人は自分のことを「中途半端な人間」という。その心は？

——池田さんの工場では、いわゆる建築家の仕事も多いと聞きましたが、そうなるとハイレベルな注文も増えてくるのではないですか？

最近の傾向でいえば、大きな鉄板を壁や床に直接使う建築家が増えていますね。初めてそういう図面を見たときは、「なんだこれは!?」ってやっぱり面喰らいましたよ。普通はそんなふうに鉄板を使いませんから。まあ、そんな図面でも慣れればなんとかなりますが、大変なのは溶接、特にひずみ取りです。鉄という素材は溶接するときの熱で微妙に曲がってくるのですが、大きな鉄板ともなればひずみの量が半端じゃありません。それをどう修正していくか。これにいつも頭を悩ませています。溶接する時間より、ひずみを取っている時間のほうが長いんじゃないかと思うくらいですよ。

――池田さんは主にどのような作業を担当されているのですか？

溶接ももちろんやりますが、あえて言うなら「なんでも屋」ですね。図面も描くし、塗装もするし……。でも、何一つ極めちゃいない、中途半端なんです。鉄骨屋にはいろんな仕事がありますけど、私の場合、あれもこれもとやっているうちに、気がつけば全部中途半端で終わっていました。

――「あれもこれも」ということですが、この世界に入られて最初のお仕事は何でした？

私はもともと静岡の生まれで、中学を卒業して上京すると――ちょうど、東京オリンピックの年でした――すぐに金物《かなもの》の工場に勤めたんです。四人くらいの小さな工場でしたが、そこで最初に階段の手摺《てすり》みたいな、わりと小さなものをつくらされました。それができるようになると、錆《さび》止めの塗装、グラインダー仕上げ、鋼材への孔あけ……。そんな順序で少しずつ仕事を覚えていきましたね。

――なんとなく、仕上げの工程から一つずつさかのぼっていくような順番ですね。

そうですね。いま思えば、そういう段階を踏みながら仕事を覚えられたのはよかったです。で、それらが一通りできるようになると、初めて憧れの溶接をやらせてもらえる。これが三年目くらいからかな？

——鉄骨工は溶接ができるようになると一人前です

か？

いやいや、それでやっとスタートラインに立てた

ようなものです。溶接ができるようになったら、次

は図面を正確に読めるようにならなければならない。

図面が読めるようになったら、今度は一人で原寸図《げんすんず》

（一：一スケールの図面。体育館のような広い場所で鉄骨の柱や梁の接合などを実際のサイズで描いて確認していく。現在はコンピュータによるCAD製図の普及によりあまり行われなくなった）を描けるようにならなければならない。そこまでできてようやく一人前というところですね。ただ、そこまでたどり着くためには、けっこう年数もかかるし頭も使うから、鉄骨屋のなかには、きちんと図面が読めない、原寸図が描けないという人が意外と多い。逆に私なんかは、溶接を覚え始めて、さてこれからという時にいきなり原寸図描きに回されたから、溶接の腕はいまだにいま一つなんです。さっき鉄骨屋としては中途半端と言いましたけど、それはそういう意味です。

——もちろん、すべての仕事が完璧にできればいいのでしょうが、原寸図描き一つとっても、それはそれで大変なお仕事ですよね。

大変というより、原寸図描きには根気のあるなしが問われるでしょうね。三階建て程度の住宅でも、原寸図を描いて鉄骨の寸法出しをして、さらに検査のために図面を分かりやすく整理していたら、一週間から十日くらいはすぐに経ってしまいます。それを一人で黙々とやる根気があるかないか。それと、

自分が描いた図面に責任を取れるか取れないかも大きい。もし原寸図にミスがあれば、最悪の場合、現場の建方《たてかた》（組み立て作業）はストップですから、その責任というかプレッシャーたるや、ものすごいものがありますよ。

――建方の日は、鉄骨工だけでなく、いろいろな職種の人がその日に合わせて作業を間に合わせてくるから、失敗は絶対に許されませんよね。

そうです。ボルトの孔が五ミリずれていただけで鉄骨が組み上がらないことだってありますから。

――勝負はミリ単位ですか？

それだけじゃないですよ。現場の敷地が狭いらしいと聞けば、ボルトの向きにまで気を配って原寸図を描かないと、入るはずのボルトが入らないことだってあります。だって、敷地が狭いと隣の家にぶつかってボルトを締《し》める工具が入らないことがあるでしょ？　そこまで含めてトータルで考えていかないと、鉄骨を安心して送り出すことはできないんです。

ところで、鉄骨の建方って見たことあります？

――はい、あります。

あれ、私などは下から見ていると、鉄骨が一本組み合わさるたびにホッとするんです。たまにボルトがうまく入らなくて職人がモタモタしているときなんかは、その間ずっとヒヤヒヤしっぱなしでね。もしかして孔の位置を間違えたんじゃないかって。で、最後の鉄骨がクレーンでゆっくり下ろされて骨組の一番上にぴたっと納まるでしょ。その瞬間は心のなかで拍手喝采ですよ。もちろん周りにはずっと平気な顔を見せてますけど（笑）。

――これまで関わってこられた建物は何件くらいで

すか？

三〇〇件くらいかな。

――それだけ数をこなされていても、建方の日はやはり緊張しますか？

しますねぇ。初めて一棟まるごと任された日から今年で三三年になりますけど、建方だけはいまだに緊張します。経験は重ねていても、鉄骨を組み上げるときの気持ちは三三年前とまったく変わんないです。

――そろそろ跡を継ぐ若い鉄骨工のことが気になってくるんじゃありません？

若い人は……入ってはきますすけど、みんな早く辞めちゃいますね。理想をいえば、私と同じように小さな仕事から覚えて、溶接もやる、原寸図も描くというふうに技術を身に付けていってほしいのですが、いろいろやらせても今はなかなか続かないから……。なかには溶接だけを極めようとする人もいて、それはそれでいいんだけど、そうなるとトータルで現場を見られる人がいなくなるじゃないですか。

たしかにスペシャリストって言葉の響きはいいんだけど、私みたいに中途半端だけど何でもできる人も、それはそれで必要だと思うんですよ。どの世界もそうじゃないですか？　あらゆる知識をまんべんなく持っている人もいないと、きっといいものはできません。だけど、どうなんだろう……もしかしたら、トータルでものを見られる人の世代って、私らが最後なのかもしれませんね。

非破壊検査《ひはかいけんさ》
コンパニオンのように

小高正雄

鉄骨造の建設には溶接が不可欠である。この重要な溶接に欠陥がないかをチェックするのが、非破壊検査技術者の仕事だ。検査の方法にはいくつかあるが、小高氏の専門は溶接個所に超音波を当て、その反応を見ながら合否を判定していく方法。一カ所ずつ黙々と検査個所を積み重ねているだけかと思いきや……。

――そもそも非破壊検査というお仕事には、どういう人が就《つ》かれるのでしょうか?

私の場合は、当時勤めていた鉄工所の社長に半ば強制的に資格を取らされたんです。社員が十五人程度のその鉄工所に転職したのは、私が三〇歳を過ぎてからのことでした。十五人程度といっても、そこの職人はみなベテランぞろいで、私のところに回ってくる仕事といえば、現場でのダメ直し（工事の最終段階で施工不良の個所を直す）、建方《たてかた》（組み立て作業）のときの相番《あいばん》（使用部材のチェック）、錆《さび》止めの塗装、と、要は便利屋みたいな仕事ばかりでした。正直言って、自分の居場所がない状態が続いていましたよ。それでも何年か勤めていたら、会社が大臣認定のグレード（建物の規模や加工できる鉄骨の種類により、鉄骨加工工場に付される五段階の階級）を取ることにしたとかで、急遽、社内に非破壊検査の技術者が必要になったんです。そこで私にお鉢が回ってきたというわけです。

――失礼ですが、非破壊検査も「便利屋」の一業務としてですか？

ある意味、そうだったのかもしれません。でも、その鉄工所は中卒や高齢の職人が多いところだったから、高卒という〝高学歴〟で（笑）、比較的若かった私が適任だと思ったんじゃないでしょうか。とはいえ、ちょうど三五歳になったばかりのときですよ。そういうわけだから、明日から非破壊検査の講習会に行ってこいと言われたときは、「なんで今さら勉強なんか」ってアタマにきましたね。でも、そのおかげで今こうして食えているわけだから、当時の社長には感謝しないといけません。

――その後独立されて、いまは一人でいくつかの鉄工所を回っていらっしゃるそうですが、そういう「フリーの検査員」はたくさんいらっしゃるのでしょうか？

わりと多いですよ。私と同じように鉄工所の社員として社内の非破壊検査を担当したあと独立するパターン、あるいは専門の検査会社で修業して独立するパターン。検査に使用する超音波の検査機器は、ワンセットで一〇〇万円くらいです。メンテナンスさえしっかりすればそう簡単に壊れるものでもないから、あとはクルマさえあれば一人でも十分やっていけるんです。

――現在、担当されている鉄工所は何社くらいですか?

お得意さんが十社くらいあって、一日に一社から二社を回ります。遠いところだと高速に乗って二時間くらいかかりますね。そうなると先方に出向くまでが仕事みたいなものです。関東一円が営業エリアになってます。

――非破壊検査の会社はいくつもありそうですが、なぜ先方は二時間もかけて小高さんに来てもらうのでしょう?

それは、鉄工所どうしのつながりで紹介されるからです。「小高っていう、あの検査員は面倒見がいいよ」ってな感じで……。検査という言葉を聞くと、一般の人は最終チェック、最終確認みたいにパパッと見て終わりというような作業をイメージされるかもしれませんが、この仕事って、検査しました、不合格欠陥が見つかりました、「はい、アウトです」で終わりにしたら何の意味もないんです。

そもそも、われわれ検査員と鉄工所にいる溶接工とは敵同士の関係ですからね。もし、若くて経験の少ない検査員が初めての工場に行って、「はい、不合格欠陥です。直しなさい」なんて、事務的に言ってごらんなさい。「なんだコラ! 若造」ってたちまち大喧嘩ですよ。そういうやり方は絶対にご法度で、どうしてこの溶接個所には欠陥が出てしまったのか……その原因を溶接工と一緒に探りながら、次から欠陥を出さないようにする方法をアドバイスしてあげる。それが、望ましい検査員の姿なんです。私らは溶接工の技術以外にも、欠陥を出すいろいろな原因を探っていきます。工場内にある扇風機の風が、溶接の時に必要な炭酸ガスを飛ばして欠陥の原因をつくったんじゃないかとか、可能性はいくらもある。なので、「あの検査員は面倒見がいい」と評判になれば、多少遠くてもお呼びがかかるんです。

――「提案型の検査」とでも言うのでしょうか。

そうですね。溶接工は誰でも自分の腕に自信をもっていますから、目の前で不合格欠陥が見つかってても基本的には直すのがイヤなんです。プライドを傷つけられているわけですから。

昔、こんなことがありました。ある工場で、「この位置に不合格欠陥が見つかったので、自分で斫《はつ》って（削り取って）確かめてもらえますか」とお願いした。そしたらその溶接工、欠陥部ごとゴッソリ斫《はつ》って証拠を隠滅しましたよ（笑）。かと思えば、「欠陥があればいくらでも直しますから」と、最初から開き直っている人もいる。聞き分けはいいけど、そういうのはプロの仕事じゃないですね。この手の場面に出くわすたびに、私らはいかに彼らに気分よく補修・手直しをしてもらうか考えていくわけです。それがこの仕事の一番大切なところ。ま、非常に人間くさい仕事なんですよ。

――なんだか、ずいぶん非破壊検査のイメージが変わりました。

そうでしょう。非破壊検査の方法にはいろいろありますけど、私がやっている鉄工所内での自主検査は、言ってみれば宴会場のコンパニオンがお酌をしているようなものです。あの手この手でお客さんを嫌な気分にさせないように接していく。そうしないと、次から呼んでもらえなくなっちゃいますからね（笑）。

でも、そうやってじっくりつき合っていけば、その工場の弱い部分は必ず改善されます。今日検査に行ってきた工場なんて、まさしく十年前までは本当にメチャクチャな状態でした。最初はやっぱり喧嘩です。「冗談じゃねえ、どこが欠陥なんだ」って怒っちゃって。でも、どんなに怒鳴られようが、こっちは一つひとつ説明していくしかないんです。そのうちに向こうも少しずつ納得してくれる。それを十年続けてきたら、いまや誰に検査してもらっても恥ずかしくない溶接のできる工場になりました。育て上げるっていうのかな……彼らも少しずつ自信がついてきて……。そうやって一緒にいいものをつくり上げるって気持ちが大切なんですよね。

——じーんときますね（笑）。ちなみに、小高さんのように「検査だけ」の人も、担当した建物のことは覚えているものですか？

もちろん、覚えてますよ。高速を走ると必ず見えてくる建物があるんです。先日も助手席にいた家内に、「ちょっと見てみろよ、あの建物、検査したのは俺なんだ」って言ったら、「その話は前にも聞いたよ」って（笑）。検査だけですけど、実際に手を動かしている職人と思い入れは変わりません。

(株)星工務店

鳶《とび》・土工《どこう》
ちゃんと働いていれば、ちゃんとした生活ができる

井上和之

高所作業の専門職・鳶は、仮設足場を組むような仕事だけでなく、基礎工事の前提となる地業《じぎょう》（土を掘って整地すること）を行うことも多い。この職人を「土工」といい、「鳶・土工」と一括りで呼ばれることもある。鳶・土工のまとめ役として、気がつけば四〇年以上。個性的な職人衆を束ねてきた井上氏ならではの仕事観。

――鳶・土工というと、一般には血の気の多い荒くれ者の集まりというイメージがいまだにあるようです。実際はどうですか？

うん、実際そうでしょう（笑）。昔からわれわれに対する印象といえば、職人とは名ばかりで、ロクでもないヤツの集まりというのが世間の通り相場でした。本当は真面目な人たちがほとんどですけど、その下に付く人たちにね、多少問題のある連中がいな

かったとは言い切れません。「躯体《くたい》業者」とでもいう
のでしょうか、建設地に穴を掘ったり、仮設の足場を掛けたり、鉄筋を組んだり。そういう仕事の職人は、左官や塗装といった仕上げをやる職人に比べると、ちょっと雰囲気からして違いますからね。
――それと、仕上げに絡む職人さんは建物に自分の仕事の跡が必ず残りますよね。でも、鳶職の場合はまったくその痕跡が残りません。失礼ですが、みなさんどのあたりにやりがいを見出していらっしゃるのかなと思うのですが……。
うーん、そうですか。初めてだなぁ、そういうことを聞かれたのは。（隣で聞いていた職人さんに）ねぇ、この仕事のやりがいって何だっけ？（「……」。その職人さんも首をかしげる）
まあ、最初からそういうもんだと思っていますよ。仕事の跡がどうこうより、毎日の生活がきちんとできるとか、家族をちゃんと養っていけるとか、まずそこを考えますよ。仕事のやりがいなんて言う人は、そもそもこの世界に入ってこないんじゃないのかなぁ。そんなこと考えたら、この仕事はできないですよ。
――うーん、なんだかすごくいい話を聞いたような気がします。そうおっしゃる井上さんは、そもそもどういう経緯でこの業界に入られたのですか？
女房の親の紹介です。私はもともと岡山の人間なんですが、実家が鉄工所を経営していたものですから、若い時分はそこを手伝ったりして過ごしていました。その後、結婚して東京に出てきたのですが、特に何をするわけでもなく、ふらふらしていたんです。そしたら女房の親から、「いい若いモンが」と心

配されて……。それで、当時の社長が知り合いだったという縁で、半ば強引にこの会社に入れられたんです。

——それから鳶の修業を？

いえいえ、入って二年くらいは運送や経理の仕事をしていました。私自身は、いまだに鳶でも土工でもないんです。敷地の現地調査、見積り、職人の手配なんかが専門ですから。あえて言えば、設計のほうかな？　この会社に入る前から建築士の資格を取りたいなと思っていて、当時早稲田にあった建築の各種学校で、働きながら設計（二級建築士）の勉強を始めていたんです。

——そうだったんですか。資格はすぐに取れたのですか？

学科試験のほうはすぐに受かったんですが、最初の年は製図の試験が全然できなくてね……。だって、試験の当日まで、まともな図面なんて一度も描いたことなかったんだから。

——それでも試験を受けに行くところに感動を覚えます（笑）。

でも、なんとか二回目で合格して、数年後には一級建築士の試験にも受かって、さあ独立してやろうと——前々から一級に受かったら会社を辞めて、代《だい》願《がん》設計（行政機関などへ提出する図面や書類の作成を専門に請け負う仕事）みたいな仕事を一人で細々とやっていこうと思っていたんです。ところが、合格発表があったちょうど一カ月後に社長が亡くなった。それで予定が狂って、独立は諦《あきら》めることになりました。

——どうして諦めなければならなかったのでしょ

う？

この会社を存続させたかったんです。当時、私たちの周りには鳶だけでなく、型枠大工や鉄筋工といった職人の集団がいくつもあって、それぞれがいろいろな現場を渡り歩いていました。けれど、その集団の親方が亡くなった途端に、それまで一緒に働いていた弟子たちが、一週間もしないうちに散り散りになっていくことがよくあったんです。そういう例をいやというほど見せられていました。だから、せめて、うちだけはなんとかならないかと話し合いまして……。結果、亡くなった社長の奥さんを新社長にして、まだ若かったのですが私が経営面の実務を取り仕切ることにして、なんとか会社を残そうと決めたんです。

——苦労して取った建築士の資格より、みんなでつくり上げた会社を残したいという思いのほうが強かったんですね。

というか、うちの会社は、私が入った当時から先輩の鳶に悪いイメージがまったくなかったんです。現場で喧嘩を売られても黙ってすーっと逃げていくような人たちばかりで（笑）。最初は、「いつ辞めてもいいから」と言われて入った会社でしたが、そんな職人たちとだったら、この先もずっと一緒にやっていけるかなという思いが日に日に強くなって……。特に悩んだということもなく、独立は自然と諦めていましたね。

——それから四〇年以上が経つわけですが、今日まで会社を経営されるにあたり、一番大切にされてきたことって何でしょうか？

うちは、残業代は自己申告制なんです。余分に働いた分は、言ってくればきっちり払います。会社が納める税金なんて少なくていいんです。職人たちにしっかり払ってあげて、彼らから国に納めてもらえばいいんだから。事業拡大なんて考えもさらさらないですしね。あとは、昔からいる職人を安心して引退させてあげること。若い人には、こういう仕事をしていても、ちゃんと働いていればちゃんとした生活ができるんだということを感じてもらうこと。それしかないです。さっき、やりがいなんて話がありましたけど、そういうものはやっぱり、なければないで一向に構わないんじゃないですか……、そう思いますね。

——生まれ変わっても、またこの仕事をやりますか？

うん、やらないだろうね（笑）。（周りの職人さんたちに）みんなもそうだろ？　なっ？　どっちかというと、公務員にでもなったほうがいいよね。建築士の仕事？　それもやらなくていいよ（笑）。

解体工《かいたいこう》

とにかく近所の人を大事にしてる

村上文朗

既存の建物の分解を専門にしているのが解体工である。地道に手で壊していくものから専用の重機《じゅうき》で一気に壊すものまで、解体の手法は幅広い。しかし、ただ壊せばいいわけではない。スムーズな解体を支えるのは、解体以外の部分から外堀を埋めていくような入念な下準備だ。意外と繊細な解体業者の日常を覗いてみよう。

――解体業を志す人というのは、どういうきっかけでこの世界に入られるのでしょうか？

私の場合は最初から解体屋じゃなくて、学校を出て最初の仕事はトラックの運転手でした。菅原文太の『トラック野郎』に憧れたんです。その後、勤め先はいくつか変わりましたが、運転手の仕事はずっと続けていました。何社目かでダンプの運転手をしているとき、その会社に出入りしていた解体屋さんと知り合いになったんです。それが縁で解体屋さんの仕事にも参加する機会ができたのですが、現場で解体の作業を見ているうちに突然、「あっ、俺の仕事はこれだ！」ってピンときたんです。ちょうどその頃、私は運転手としての将来に不安を抱き始めていて、ほかにいい仕事はないかと考えていました。それに、実家が工務店をやっていた関係で、自分も大工の仕事なら少しだけかじったことがある。解体業なら大工の知識も生かせるだろうと思って、思い切ってこの世界に賭けてみたんです。

――運命的な出会いですね。大工の経験はうまく生かせましたか？

とても役に立ちました。たとえば木造の解体なら、まずはボード、断熱材、瓦など、材料ごとに「手壊し」でばらしていくのですが、大工は建物がどういう工程でつくられているかを知っているから、逆にどうすればば効率的にばらせるかが、わざわざ教えられなくても分かるんです。

――木造は「手壊し」なんですか？ユンボで一気に叩き壊すのかと思っていました。

いまは建設リサイクル法ができたおかげで、材料ごとに細かく解体していくことになっているんです。リサイクルに回すものをあらかた取り除いたあと、残った柱や梁《はり》などの構造材だけをユンボで壊すのが一般的ですね。

――鉄骨造や鉄筋コンクリート造になると、解体の方法も変わりますよね？

変わりますけど、手で壊すところは必ずどこかに残っています。違うのは解体に使う重機の種類でしょうか。鉄骨造の場合は、巨大なハサミみたいな

「鉄骨カッター」、鉄筋コンクリート造の場合は、「クラッシャー」と呼ばれる破砕機《はさいき》が頻繁に使われます。

実は、私が仕事を覚えていったのもその順番で、最初に手壊し、次にユンボ。ユンボが使えるようになると、「今度は鉄骨カッターをやってみたい」、鉄骨カッターをマスターしたら、「クラッシャーもやりたいな」と、どんどん欲が出てきて……。

——最終的に行き着く先は?

最後はカイジョウ解体でしょうね。

——カイジョウ?

建物の上の階から解体機（ユンボに似た重機）で解体しながら、一階ずつ地上まで降りてくる工法を「階上解体」というんです。その階の壁を全部壊し終わったら床の一画に大きな孔をあけて、そこから解体機ごと降ろしてまた壊す、その繰り返しで下まで降りてきます。

——建物によって、解体しやすさにも違いがありますか?

ありますね。鉄筋コンクリートの建物なら、本格的な解体をする前に、ちょっとだけ壊してみてコンクリートの中に埋まっている鉄筋の本数を数えれば、その時点で解体の難易度が分かります。鉄筋が必要な本数に足りていないとか、正しい間隔で入っていないとか、いわゆる手抜き工事が発覚すると、この仕事は難しくなりそうだと覚悟します。

——鉄筋の本数は、少ないほうが壊しやすいのではないですか?

逆ですね。さっき階上解体の話をしましたけど、鉄筋がしっかり入っていない建物は、解体機を床の上に安心して載せられないんです。解体機の重量で、いつ足元が崩壊するか分からないでしょ？

――たしかに。やはり正しい施工は最後の最後まで大切だということですね。

そのとおり。頑丈につくってあれば、私たちも安心して壊すことができるんです。

――だとするなら、古い木造なんて恐ろしくて仕方がないでしょう？

そうですね。昔の木造は骨組がグラグラだから、壊しにくいといえば壊しにくいですね。ただ、解体屋としてはそこが面白くもあったりするわけで……。

――複雑な解体屋ゴコロ（笑）。

いずれにしろ、解体という仕事は、現場ごとの出たとこ勝負だから毎度毎度神経を使いますよ。そういう意味じゃ、つくる側の職人はラクでいいよなって（笑）、いつも思います。あらかじめ図面が描いてあって、そのとおりにつくっていけばいいんだから。こっちは何の手掛かりもなしで、ただ目の前にある建物の様子を見ながら壊していくしかないでしょ？解体の仕事のほうが絶対に大変ですよ。

――解体といっても、ただ壊せばいいわけではないことが今日はよく分かりました。

解体業と聞くと、普通の人は、荒くれ者が適当にぶっ壊しているイメージなのかもしれませんが、実際にはまったくそんなことありません。これほど周りに気を遣う仕事はないと言ってもいいくらい、私たちは常に周囲に気を遣っています。

解体って、建築の工程でいえば最後の最後――建物を建てて、使って、壊してという順番の最後だと思われていますけど、実際には建築の最初の工程になるんです。だって、そうでしょう？　これから何かが建てられる敷地をきれいにしてスタートさせるのが解体の仕事なんだから。ということは、解体業者のイメージが悪いと、その後の工程に入ってくる職人たち全員のイメージも悪くなる。だからどうするかといえば、私たちはとにかく近所の人を大事にするんです。ご近所への挨拶もそうだし、工事の説明もそう。たまに朝のゴミ出しまで手伝ってあげたりしますからね。

——近隣対策は一歩間違うとずっと尾を引きますもんね。

そうなんです。だからすごく気を遣うんです。ただ隣近所との関係に正解はなくて、何度工事の説明に行っても分かってくれない人もたまにいらっしゃいます。以前、こんな奥さんがいらっしゃいました。工事の音がウルサイだの、埃が舞って汚いだの、毎日のように文句を言いに来るんです。最初は丁寧に謝っていたんですが、毎日のことだからこっちもとうとうアタマにきて、「どうしてここまで説明しているのに分かってもらえないんですか」って聞いてみた。そしたらその奥さん、「私はこの日が来るのをいまや遅しと待っていたんだ」と。

何のことかと思ったら、「うちが家を建てるとき、この家（解体中の家）の奥さんには散々文句を言われたの」って、昔の恨みつらみをあれこれ述べるわけ。「だから今度はこっちが文句を言う番なの」だって（笑）。でも、散々しゃべったらすっきりしたのか、「これまであなたには悪いことをした」って逆に謝られましたよ。ご近所づき合いってお互いさまだなって、そのときはつくづく思いましたね。

型枠大工《かたわくだいく》
親方の仕事は雰囲気づくり

佐藤豊

鉄筋コンクリート造の建物をつくる際、生《なま》コンを流し込む「型枠」を、合板《ごうはん》などを使って組み上げていくのが型枠大工の仕事である。型枠＝建物の形状となるため、木造の大工の仕事とその位置付けは同じだ。高い精度で組み上げるためには、幅広い知識と経験をもつ型枠大工の働き、そして彼らの士気を上げていく親方の存在が必要なようだ。

——型枠大工になろうと決めたのはいつでした？

早くから「職人になりたい」という希望があったものですから、高校を一年で中退して（地元の宮城から）東京へ出てきたんです。いまとなっては後悔してますけど、われわれの時代はまだ、職人になるのに学歴はいらないという時代でした。

東京には先に上京していた知り合いがいたので、そのツテで型枠大工の仕事を紹介してもらいました。

本当は普通の大工になりたかったんですけど、型枠大工でもいいかなって、そこは流れにまかせて。

最初はもちろん見習いで、仕事のほとんどは型枠に使う合板《ごうはん》などの運搬でした。下の階で使い終わった合板を上の階で使い回すために、次から次へと合板の山を運び上げていくんです。そういう仕事を六年くらい続けました。

——六年とは長いですね。

いまの若い人ならすぐに辞めてしまうかもしれません。しかも当時は、私以外に四人も見習いがいて、彼らと一緒に十畳くらいのプレハブ小屋に寝起きしていたんです。食事は親方の奥さんが世話してくれましたが……まぁよく我慢したものです。

——では、本格的に型枠大工の技術を学ばれたのは七年目からですか？

そうですね。見習いの頃、別の会社の現場が忙しいというので手伝いに行ったら、そこにいた親方にスカウトされて、そのまま所属する会社を変わったんです。本格的な修業はそこで始まりました。型枠の建て込みをやったり、図面が読めるようになったり、材料の拾い出しができるようになったり……。型枠大工として一通りの技術を覚えられたのは、その親方のおかげですね。そこには六年くらいお世話になりまして、三〇歳のとき、いまの会社に移りました。自分ではそれなりに仕事ができるようになったつもりでしたが、いざ会社を移ってみると、それまでの経験は何だったんだというくらい、レベルの違いを見せつけられました。

——どのあたりが違ったんですか？

私が組む型枠は、先輩が組んだ型枠ほどコンクリートがきれいに打ち上がらないんです。コンクリが縦も横もピシーっと真っ直ぐに打ち上がったら、造《ぞう》作屋《さくや》だって、左官屋だってみんな喜びます。仕事が一気にやりやすくなりますから。

――先輩たちは何か特別な方法で型枠を組んでいたのでしょうか？

私も最初は何かコツがあるのかと疑ったんですが、先輩たちだけ他と違うように組んでいるとはとても思えませんでした。というのも、たまに別の現場に応援で行ったときなど、そこの職人の仕事を見ていると、〈そうか、ああやって建て込んだほうが早くて正確にできるよな〉って、逆にわれわれが勉強させられていたくらいですから。

やっていることは同じなんです。なのにどうして仕上がりが違うのか……。悶々としていたあるとき、「そうか、自分は型枠の組み方だけしか知らないんだ」と気づいたんです。本当に精度の高い型枠を組もうと思ったら、建物の構造から、中に入る鉄筋の組み方、打設《だせつ》するコンクリートの性質まで、関係するすべてのジャンルに精通しておかないと、最後の最後に行う型枠の微調整、それがうまくできないんです。それに気づいたので、「よし、自分は二級建築士の資格を取ってやろう」と、すぐに決めました。

――いきなり二級建築士ですか？

そうです。建築のイロハを理解するには、建築士の資格を取るのが手っ取り早いだろうと思いまして……。さっそく、仲のよかった現場監督さんから試験の参考書を譲ってもらい独学で勉強を始めました。当時は埼玉に住んでいて、現場まで電車で通っていたのですが、どの現場もだいたい一時間くらいかかるんです。だから、自宅と現場を往復する電車の中が参考書を読み込むちょうどよい時間になりました。最初の年は製図の試験が全然できなくて落ちましたけど、二年目でなんとか合格できました。

――建築を勉強する方法は、建築士の資格以外にもいくらでもありそうですが、やはりそこは資格にこだわりがあったんですか?

あえて資格にこだわったのは、親方と周りにいた職人の影響が大きかったと思います。六年前に他界されましたが、われわれの親方は、「自分でいいと思ったことは何でもやってみろ」が口癖の人で、私の場合、その言葉を真に受けて資格を取ってやろうという気になったんです。

親方は、暑くて元気が出ない日は仕事を放り出して、「今日は暑いからバーベキューでもやるか、誰か肉買ってこい」と、突然バーベキュー大会を始めるような人でしたけど、そういうところも含めて、職人たちみんなに慕われていました。職人たちはそんな親方に認められたい一心で、競っていい仕事をしていたような気がします。周りがそんなふうだったら、自分だけ下手な仕事をするわけにはいかないでしょ? 自分だけ手を抜くわけにはいかないんです。

――親方のキャラクターって、現場の士気を相当左右しますよね。

親方のリーダーシップは大きいですよ。それ次第で現場の雰囲気も、仕事の仕上がり具合も変わってきますから。われわれの親方は、基本的には「責任は俺がとるから、みんなはドンドンやってくれ」というスタンスでしたね。現場の雰囲気づくりというのかなぁ、職人たちを明るくする、そこに力を入れていたようです。先代の親方も今の社長も、現場に来ると必ず言いますよ。「今日も明るくな、明るくな」って。職人たちの仕事がしやすくなるには、そういうことが重要なんでしょうね。明るい雰囲気づくり。たまに応援の仕事で他の現場に行くと、暗く感じる現場もあるんです、職人同士が喧嘩をしていたりして。

——ちなみに、型枠大工に定年ってあるのでしょうか？

決まった年齢はないですね。ただ、自分では六五〜六六歳が限界かなと考えています。体力的な面でいえば、現場で支保工《しほこう》（型枠を固定する鋼製の支柱）を持ち上げられなくなったら引退かなと覚悟していま

す。だから、ラクな仕事ばかりやって体力を落とさないように、材料や道具の運搬がある日には、「俺も呼んでな」と、自分からキツイ仕事をやりに行くようにしているんです。それと、もう十年くらいになるかなぁ……月に二回くらいはスポーツジムに通ってカラダを鍛えてます。市営だから一回三〇〇円くらいで安いんですよ。

ALC《エーエルシー》建《た》て込《こ》み
子供に見せられる仕事って

小堺恒昭

主に鉄骨造の建物の壁に使用される壁材がＡＬＣパネルである。鉄骨には専用の金具で固定する。「軽量気泡コンクリート」を意味するＡＬＣは、戦後に普及した比較的新しい建築材料だが、いまでは建設業界の定番材料として幅広く利用されている。パネルを張るだけなのでは？　いやいや、想像するほど簡単な作業ではないようだ。

――以前、ある現場でＡＬＣパネルの切れ端を手に取ったら、見た目よりずっと重いのでびっくりしました。

そうでしょう。厚さ十センチのパネルでも、一〇〇×六〇センチで重さが四〇キロくらいになりますからね。外壁によく使われる三メートル前後のパネルだと一枚で約一二〇キロ、これを取り付けていくわけですから、腕力が相当必要になります。内装によく使われる石膏ボードとはワケが違いますよ。

――たとえパネル一枚でも、一人ではとても動かせそうにないですね。

いや、背中に背負ったりして一人で運ぶこともけっこうあります。小さな現場だといちいち運搬車に載せて運ぶのは面倒なんです。逆に大きな現場だと運搬車を使わないと運び切れないから、体力的には大きい現場のほうがラクかもしれないですね。

俺は体力だけは昔から自信があるんです。もうずいぶん前ですけど、二〇歳くらいのとき、「自分は朝《あさ》霞《か》(埼玉県朝霞市)の自衛隊で一番腕力がある」って豪語している人に呑み屋で会って、その場で腕相撲をしたら、そんときは俺のほうが勝ちましたからね。

――それは相当なものですね。その頃には今のお仕事をされていたんですか?

ええ。十九歳で始めたから、今年で十五年目になります。その前は十六歳のときから三年くらい鳶《とび》をやってました。高校を一年でクビになったもんで……(笑)。鳶で三年間現場の修業をした後、実家に戻って親父に弟子入りしたというかたちです。親父も同じALC工《こう》なんです。

――十五年目のベテランでも、いまだに難しい作業ってありますか?

うーん、具体的な作業ではないけど、難しいのは段取りですね。段取りって、いまでも何がベストなのか分かんないすよ。ALCって、どこに、どのサイズのパネルを、どちら向きに取り付けるか――これらをすべて設計段階で決めてから、必要なサイズにカットして現場に搬入するんです。だから、最初の段階で取り付け順まで考えておかないと、後々の仕事にすごく影響してきます。現場で先に張るべきパネルが下のほうに積んであったら、いざ使おうにも取り出せないでしょ？　大きな現場ならまだしも、狭い現場だと作業する場所すらないわけで……段取りの悪さは致命的です。職人の腕の良し悪しは、すべて段取りに出るような気がしますね。

――サイズは事前に決めるだけでなく、現場で寸法を合わせてカットすることも多いですよね？

そうですね。特に建物のコーナーが鈍矩《なまがね》（九〇度以上の角度）なら「留《と》め」（パネルの角と角をそれぞれ斜めにカットして接合する方法）で納めないといけないから、パネルの端をきれいにカットする必要があります。職人の腕が悪いと、パネル同士を突き付ける部分が部分的にくっついたり、逆にちょっとだけ離れたりして、きれいに揃わなくてコーナーが波打っちゃいますね。

鈍矩もそうだけど、さらに難しいのは曲線かな。たまに「丸が大好きな人」（建築家）がいて、外壁も曲線、窓も円形、どこもかしこも丸ばっかりという建物をつくることがあります。そうなると全部現場で寸法を合わせなきゃなんないでしょ？　ＡＬＣパネルってカットするたびにものすごい量の粉が飛び散るから、こっちは全身粉だらけですよ。

――粉だらけはまだしも、ときには命にかかわる危険な目に遭うこともあるのではないですか？

ありますす、あります。ちょっとした不注意でこれまで二回ほど転落しています。一回目は鉄骨の梁《はり》と梁の間に引っ掛けてあった断熱材のボードに足を載せたら、そのまま落とし穴みたいに一階下まで落ちちゃいました。断熱材とＡＬＣパネルを見間違えたんですね。落ちたのがたまたま砂利の上だからよかったものの、すぐ真横に鉄筋が何本も突き出ていて……あれは危なかったです。二回目は仮設の足場のクランプ（足場を固定する締め具）を鳶さんが締め忘れていて、その足場に載った瞬間、足場ごと下の階まで落ちました。

あと、敷地が狭い都内だと、特に火花に用心しないといけないですね。ＡＬＣパネルは、建物の骨組となる鉄骨に、留め金になる小さな部材を溶接して固定していくから、溶接の作業が多いんです。これは俺じゃないけど、溶接しているとき、近くにあったシンナーの缶に火の粉が飛んで、そこらじゅうを火の海にした人がいましたよ。缶のフタが開けっぱなしになってたんです。

――お守りとか魔除けとか、安全祈願に何かされていることってありますか？

それは特にないけど、何年か前に、現場で手を挟んだり、転落したり、立て続けに事故が重なったことがあって……たまたまなんですけど、占い師に見てもらったんです。そしたらその占い師に、「最近、仕事中にケガをされていませんか」って言われて。ドキッとしましたよ。なんで分かるんだろうと思って聞いたら、どうやらその年は俺の天中殺《てんちゅうさつ》だって言うじゃないですか。

――ほぉ。で、何かよいアドバイスは？

「朝ゴハンを食べなさい」って。

――（笑）。

たしかに、朝飯はいつも喰ってなかったんです。でもそれ以来、カミさんにサンドイッチをつくってもらったりして、朝、現場に行ってきちんと食べるようにしました。そしたら本当にケガをしなくなったんです。

——事故やケガの危険は常につきまとうでしょうが、それでもこの仕事を続けていらっしゃるのは、ALCに何かしらの魅力があるからではないかと思います。どんなところでしょうか？

やっぱ、仕事が残る。これでしょうね。鳶をやってたときはどこにも跡が残りませんでしたけど、ALCって一度張ったらそのまま外壁になって外から見えるじゃないですか。そこがいいですよね。うちにはいま、九歳と十歳の子供がいますけど、子供たちをクルマに乗せて出かけると、たまに自分がパネルを張ったビルの前を通ったりするじゃないですか。そんなとき、「あれ、お父さんがつくったビルだよ」って教えたら、「すごいね、すごいね」って窓から身を乗り出して大喜びですもん。

——子供に見せるために、さりげなく道順を変えたりして？

そうそう。この前も、俺がパネルを張った近所のショッピングセンターを見せようと思って、わざわざ普段通らない道を通りましたね（笑）。子供に見せられる仕事っていうんですか。そういうのはやっぱいいもんですよ。

ウレタン吹《ふ》き付《つ》け それがこの仕事のちょっと哀しいところ

大沢大嗣

建物に入れる断熱材の一種「硬質発泡ウレタンフォーム」。液体状のウレタンを壁や天井に吹き付けると、一瞬で膨張しプラスチック程度の硬さに硬化して断熱材となる。建設現場のなかでもとりわけタフなウレタンの吹き付け作業。密閉された空間の中ではミリ単位の厚さをめぐる攻防が、間断なく繰り広げられている。

——夏の現場は相当な暑さでしょう？

暑いですねぇ。ウレタン断熱材って元は常温の液体ですけど、吹き付けるときは四〇度くらいに温めるんです。それを壁にぶつけて発泡させると、さらに熱が出て八〇度くらいになります。壁から八〇度の熱が返ってくるわけだから、吹き付けるときの体感温度は五〇〜六〇度になってるんじゃないでしょうか。

――五〇〜六〇度!? 作業場は養生《ようじょう》シートで密閉されているでしょうから、まさにサウナ状態ですね。痩《や》せそうです。

痩せますね。毎年、夏場は十キロくらい痩せます。

――十キロも!

普段は六八キロくらいなんですが、夏場は五八キロくらいまで落ちます。暑いと食欲もなくなりますから。

――そもそも、ウレタンの世界に入られたきっかけは何だったんですか?

もとは木造の大工をやっていたんです。十六歳のときからでした。当時、兄の友人が若くして「一人親方」（特定の工務店などに所属しないフリーの親方。仕事を請ける現場ごとに職人を組織する）みたいな感じで大工をやっていまして、その姿というか、あの格好ですよね、着ている作業着、あれに憧れて弟子入りしたんです。でも現実はかなりつらかった。なにがつらいって、まず誰からも名前で呼んでもらえません。オイとかオマエとか言われる。それに、「仕事は見て覚えろ」という昔ながらのやり方で、誰も何も教えてくれない。さらに、殴る蹴るは日常茶飯事で……。当時は親方のアパートに居候《いそうろう》していたのですが、作業着の洗濯から飯炊きまで身の回りの世話もやらされて、ほとんど丁稚奉公《でっちぼうこう》に近い状態でした。そんな状況を友達に相談したら、そりゃ早く辞めたほうがいいんじゃないのって。

――それでウレタンの世界に?

いいえ、そうではないんです。つらいとはいっても親方のことはけっこう好きでしたから（笑）。ただ、何年か経って、ちょうどバブルの終わり頃から仕事が全然なくなりまして……親方から「悪いけどほかでやってくれないか」と。

そのときすでに結婚していたのですが、偶然、義理の兄がこの仕事をしていて、その関係で今の会社に入れてもらったんです。当時はちょうど発泡ウレタンが断熱材として普及し始めの頃で、大工よりも将来性があるかなという思いもありました。なにより、毎日仕事があるというのがよかった。たとえ技術があっても、それを発揮する場がないんじゃ職人やってても意味ないですからね。

——ちなみに転職先が決まったとき、大工の親方は何と？

「ウレタンって何?」って（笑）。なんだか分からないけど、まあがんばってよって感じでした。

——ウレタン職人に転身されて、初めて一人で吹き付けた日のことは覚えてますか？

そりゃもう覚えてます。最悪でしたよ、壁ボコボコで（笑）。ウレタン断熱材って、壁であれば二〇ミリくらいの厚さに均一に吹き付けていくわけですが、最初のうちはその「均一」が全然できないんです。スプレー缶のペンキで色を吹くみたいなものかと思っていたのですが、実際は全然違いました。しかも初仕事のときは、運悪くウレタンを噴出させる発泡機の調子が悪かったんです。それもあって、吹いているそばから〈あ、まずいなまずいな〉と自分でも分かるくらいヤバイ状況でした。が、最後までヤバイまま挽回できず、結局取り返しがつかなくなりました。最薄のところが十ミリ、最厚のところが五〇ミリくらいの凸凹になって……すぐに社長が飛んできて現場監督に平謝りです。

それから社長と二人で厚くなったところを夜中まで削り続けました。ウレタンは指定の厚みを超えると、その上に張る石膏ボードが取り付けられませんから、その日のうちに全部削り落としておかないといけないんです。

——最悪のデビュー戦ですね。二回目からは順調に？

いや、すぐにはうまくいきませんでした。吹いては削り、吹いては削りの繰り返しで、連日夜中まで現場に残っていました。でも、この仕事はそうやって覚えていくしかないんです。ほかの職種は知りませんけど、ウレタンの吹き付けに関しては、師匠が弟子に教えられることってほとんどないんですよ。自分が現場で経験を積んで学んでいくしかない、量をこなすことで質を上げていくしかない、一代限りの技なんです。

——と、いいますと？

その日の気温、現場の階数（高さ）、延ばしたホースの長さ、吹き付けるスピード……ありとあらゆる要素を踏まえて発泡機の状態を調整してからでないと、ウレタンは均一に吹くことができません。しかも、職人それぞれに「吹き癖」みたいなものがあるから、自分がベストの調整をした発泡機であっても、ほかの職人にとってはしっくりこないこともあります。ウレタンって非常にデリケートな材料なんです。特に最近増えてきたノンフロンのウレタンになると、吹き付けのコントロールがさらに難しいので、作業はもっと大変になります。

——それだけ緻密で苦労の多い仕事なのに、建物が完成する頃にはその痕跡がすべて壁の中に隠れてしまいますよね。

そう、それがこの仕事のちょっと哀しいところ。でも、手は抜けないですよ。というのも……。

何年も前につくられた建物に、新たに断熱材を追加したり、すでに入っている断熱材を補修したりする仕事があるのですが、現場に行って古い壁を剥がしてみると、当時の工事の様子がよく分かります。壁の中に空き缶やタバコの吸殻が入っているのは当たり前、なかにはセメント袋やガラ袋まで突っ込まれていて、それこそ壁の中がゴミ箱みたいになっているところがあります。まったく、ひどい職人がいたもんだとアタマにきますが、実はウレタンも油断していると同じように思われるかもな、と恐れているんです。いま自分が吹き付けたウレタンは、二〇年後か三〇年後、将来改修する職人が必ず見ますよね？　ということは、いま適当な仕事をしていたら、未来の職人に「昔のウレタン職人はひどかったね」と言われるかもしれない。それって癪《しゃく》じゃないですか。だから、たとえ今は見えなくても、未来の職人に対してだけは恥ずかしくない仕事をしておきたいと思うんです。

——もしかしたら、未来の自分が過去の自分の仕事を見るかもしれませんよ。

そうかぁ。昔、失敗したあのボコボコが出てきたら哀しいなぁ（笑）。ただまあ、完成した建物の外観からは想像もつかないでしょうけど、建築の現場には一ミリ、二ミリの単位で神経をすり減らしながら攻めている職人がいるってことだけでも、知っておいてもらえるとうれしいですね。

サッシ取《と》り付《つ》け
親の死に目にも会えないほどに

北沢頼一

金属製の窓枠や玄関枠を取り付ける仕事にも専門の職人がいる。木造ならビスで留めるが、鉄筋コンクリートや鉄骨の建物なら、短い鉄筋などを介して溶接により取り付けていく。人が職人になるきっかけはさまざま。なかには北沢氏のように、異色の経歴からサッシ工に転身した職人もいる。

——もともとは貿易会社の社長さんだったということですが。

ええ、三〇年ほど前までは日本製の自動車部品をアフリカに輸出する会社を経営していました。大学卒業後しばらくしてからですから、かれこれ十五年くらいはやっていたでしょうか。

——ご自身で会社を立ち上げられたんですか?

いえいえ、まったくの偶然です。大学は出たけど就職もせずぶらぶらしていたときのこと。ある晩、浜松町（東京都港区）の立呑み屋で呑んでいたら、店の奥のほうに二〇歳くらいのインド人の青年がいたんです。興味本位でハローなんて声をかけたら、なんとその青年、（あとで分かったのですが）アフリカの自動車会社の御曹司で、日本に自動車部品の買い付けに行くよう父親から命じられて来日していた若者だったんです。

その日以来、どういうわけか彼と親しくなりまして、そのうち芝（東京都港区）にある彼の事務所に遊びに行ったりしているうちに、「アナタ、ヒマならワタシの仕事を手伝ってくれませんか」と誘われたんです。

——で、そのまま会社をつくって彼を手伝うように？

会社といっても、私を含めて社員二人、派遣一人の小さな会社ですが、おっしゃるとおり、彼の話に乗ってアフリカの自動車会社の日本法人を立ち上げました。いすゞ自動車やヤンマーディーゼルといった日本のメーカーから自動車部品を購入して、それを彼の会社に輸出してマージンを得るという仕事です。運もよかったのでしょうが、商売は立ち上げからすぐに軌道に乗りました。

——そんな社長さんが、どうしてまたサッシ工に転身されるわけですか？

変動相場制のせいですよ。それまで一ドル三六〇円だったのが、瞬く間に三〇〇円を切り、二〇〇円を切り……そうなると小さな輸出業者はやっていけません。四〇歳を目前にして、あっけなく倒産してしまいました。当時で二五〇〇万円くらいの負債がありましたから、とにかくその日から何でもいいので稼がにゃならんという状況です。
ちょうどそのころ、葛飾区や江戸川区の小中学校では窓の改修工事——サッシをスチール製からアルミ製に交換する——が増えていました。その関係で、知人から当面の稼ぎ口として改修工事の現場を手伝うアルバイトを紹介されたんです。学校が夏休みの間は、ずっとそれにかかりっきりになりました。

——そこから本格的に職人の世界へ?

いいえ、そのアルバイトが終わる頃、学校の改修工事全体を請け負っていたサッシ販売会社の社長さんから、「そういう事情なら、うちの会社で働いてみないか」と正式に誘っていただいたのですが、そこで私に与えられた仕事は工程管理でした。サッシ業界に足を踏み入れはしたものの、最初の仕事は職人たちの工程の管理だったんです。

——工程管理というのは、具体的にはどのようなお仕事なのでしょう?

職人のスケジュールを管理して、工事現場ごとに人を振り分ける作業です。ただ、これが口で言うほど簡単じゃない。会社で抱えている職人(二人一組)七〜八組を、八〇カ所くらいの現場に適材適所で振り分けていく——たったそれだけのことなのですが、私の能力不足もあったのでしょう、思うような管理ができないんです。朝から、「お前ンとこの職人さん、いつまで経っても来ないじゃないか!」と、現場から怒りの電話が掛かってくることもしばしばで……。毎日がそんな調子だから、精神的にも相当参ります。もちろん現場にはお詫びの連続。こんなにつらい思いをするくらいなら、いっそ自分でサッシを取り付けに行ったほうがマシだと思いましたね。で、本当に自分で取り付けるようになった（笑）。

——サッシの取り付けはすぐにできるような仕事なのでしょうか？

個人差はあると思いますが、だいたい二現場くらいこなせばすぐできるようになります。通常の現場であれば、別に職人技が要求されるような仕事はありませんしね。ただ、溶接の道具を使いますから、火気にだけは十分注意しないといけません。

——現場での火災というのは多いものですか？

サッシを溶接するときの火花でボヤを出す危険性は、どの現場でも常に抱えています。あまり大きな声じゃ言えませんが、工程管理をやっていたときも、職人が出したボヤを私が謝りに行くというケースが何件かありました。そうした経験があるので、私は火災には人一倍注意しているほうだと思います。火災が気になるので、サッシはいっそ溶接なんかで留めないで、全部接着剤で留める方向に行かないかなとすら思いますね。壁のボードなんて、最近では接着剤で簡単に留められるようになっているじゃないですか。あれがサッシでもできるようになったら、もっと安全でラクに作業ができるんですけど。

——ここ数年のサッシ業界で、職人さんを取り巻く状況に何か変化はありました？

作業内容自体は昔から変わりませんけど、工期はものすごく厳しくなっています。以前は、中規模程度の鉄筋コンクリートのマンションなら、サッシの取り付けに二日、その後行うモルタルの充填《じゅうてん》作業に丸一日は確保されていました。しかし今は、取り付けとモルタルの充塡を同じ日の工程に組んでいる現場が珍しくありません。ということは、取り付けが一日遅れただけで、全体の工程がすぐに狂ってしまう。親の死に目にも会えないくらいタイトな設定ですよ。しかも最近は、職人の転落を防止するために建物と外部の足場の距離が狭められています。それはそれでいいのですが、そうなると、下から上のフロアまでサッシを吊り上げていく隙間がない。ですから、いったんバラしたサッシを建物の中から搬入して取り付けることになる。工期はさらに厳しくなります。

——大変なお仕事ですが、ときには以前いらした業界に戻りたくなったりしませんか？

　この仕事、始めた当初は嫌々やっていたところもあったのですが、「俺はこの仕事が好きなんだ！」と自分に言い聞かせていたら、いつのまにか本当に好きになっていました。足腰が痛くなることを除けば、サッシの取り付けってそんなに悪い仕事じゃないんです。工程管理のつらさに比べれば気もラクですし（笑）。現場から「来るな」と言われるまではやるつもりです。

　でも、引退したら古美術商をやってみたいなとも思っています。昔から骨董が大好きで、いまも日曜日になると骨董市に出かけては目を養っているんです。自分で言うのもナンですけど、最近はけっこう目が肥《こ》えてきたようなんです。先日も、二〇万円で買った古備前《こびぜん》の壺をプロに鑑定してもらったら、四〇～五〇万円の値打ちはあると褒められましたよ。ハハハ。

防《ぼう》水《すい》工《こう》
誘われて、誘われて

屋根からの雨漏りを防ぐ、防水という仕事。その手法にはいくつかあるが、古田氏の場合はゴムシートや塩化ビニルシートを屋根に張る「シート防水」と呼ばれる工事が専門である。シートとシートの継ぎ目は、重ねたシートを熱や溶剤で溶かして一体化させていく。「なんとなく」防水屋になって四半世紀以上。こんな職業選択も悪くない!?

古田崇

――防水のお仕事をされるようになった経緯《いきさつ》を聞かせてください。

いまの仕事をやるようになったのは、三〇歳代の後半に差しかかってからでした。地元は福岡なんですが、高校を卒業して最初に就いた仕事は、県内の運送会社の運転助手でした。でも、そこは一年で辞めて、東京で大学生をやっていた幼なじみを訪ねていきました。遊び半分、職探し半分の上京で、特に目的があったわけではありません。当面は友達のアパートにしばらく居候《いそうろう》、それから職探しを始めて、結局、小さな材木問屋に運転手として就職しました。当時は、女だったら水商売、男だったら運送業というのが、手っ取り早く稼げる仕事だったんです。

ちょうど、東京オリンピックの頃でした。開会式の日のことはいまでもよく覚えています。朝から運転手の仲間と一緒に東京タワーに上ったんです。タワーの一番上から代々木のほうを見たら入場行進が見えるんじゃないかと思ってね。でも、代々木までは思ったよりも遠くて全然見えませんでした(笑)。

——運転手は何年くらいされていたのですか?

運送屋には六年勤めました。辞めるきっかけは、当時住んでいたアパートの隣の部屋の人の一言でした。私自身、このまま運転手を続けるのもどうなのかなと悩んでいたのですが、隣の人と晩飯を食っていたら、その人が突然、「古田さん、手に職を付けてみませんか?」と誘ってきたんです。彼の仕事は溶接工でした。その縁で、私も彼と同じ鉄工所で、溶接工として働くことにしたんです。

——運転手から溶接工へ。具体的にはどんな溶接ですか?

私がやっていたのは、主に首都高速道路の床版《しょうばん》補強の工事でした。現在は床版に炭素繊維シートを直接張る補強工法が一般的みたいですが、当時多かったのは、床版に溶接したH形鋼《エイチかたこう》の間に、床版に沿って鉄板を溶接する方法でした。そのあとで床版と鉄板の間にエポキシ樹脂を注入していきます。本来、われわれ溶接工の仕事はエポキシ樹脂を注入する前までです。けれどある日、仲良くなったエポキシ屋の社長に、「せっかくだから最後までやらない？」と誘われまして……。もともと興味があったものだから、すぐその話に乗ってエポキシの扱い方を教えてもらいました。やってみると、これが意外とおもしろくてね。「樹脂接着剤注入施工技能士」の資格もすぐに取りました。国家試験になってまだ三回目くらいの頃で、私のときは三六〇人受けて合格したのは十六人だけだったみたいです。

——当時はエポキシ樹脂が土木から建築の世界にも普及し始めた頃ですよね。

そうですね。だから、これから仕事も増えるだろうと思って、三三歳のとき、鉄工所を辞めてフリーのエポキシ職人に転身したんです。フリーなのでいろんな会社から仕事を請けるわけですが、そのなかに防水工事を手がける会社がありまして……。

——ここでようやく防水に結びつくわけだ。

ええ、その会社から、「防水の仕事もやりませんか？」と誘われたんです。

——よく誘われる人ですね（笑）。

これも何かの縁と、今度は防水の技術を習得して現在に至る、と。気がつけば三〇年近くこの仕事をやっています。

——防水工事にはいろいろな種類がありますが、古田さんの場合は「シート防水」がメインみたいですね。

そうですね。普段はビルの屋上に防水シートを張っていくシート防水が多いです。

防水の仕事自体は、楽しくはないけど辛くもないといったところです。ただ、大きなビルの屋上で一人で作業していると、ときどき用もないのにふっと振り返ってしまう瞬間があるんです。そんなときはたいてい全然はかどっていないときでね。屋上がやけに広く見えますよ。

――マイペースでできる仕事ですか？

普通に防水シートを張る仕事はそうですが、月に一回くらいは止水《しすい》工事の依頼がありますから、その場合はマイペースというわけにはいきません。止水の依頼というのは緊急事態です。「地下の工事をしていたら壁面から水が染《し》み出してきた。一刻も早く止めてほしい」、そんな内容ですからね。これまで一番大きかった現場はデパートの地下で、二〇〇〇平方メートルくらいの広さを三カ月かけて一人で止めて回りました。地下水というのは、二階以上の深さのある地下なら、たいていどこかしら染み出してきます。コンクリートを打ち継いだ目地《めじ》やコールドジョイント（接着不良）の部分からジワーっとね。

基本的な止め方としては、まず水が染みている部分のコンクリートを斫《はつ》って（削り取って）その出所を突き止める。次に、水に反応して膨張する発泡ウレタンをその出所に注入する――五ミリくらいの細い穴に入れていくんです。あとは、その上に止水セメントを盛って塗布防水剤を塗れば完了です。

――そういわれると、ずいぶん簡単な工事に聞こえますけど……。

止水工事というのは、規模の大きい土木系の現場だといくつかの工法が開発されているようです。しかし私が呼ばれるような中小規模の建設現場では、ほとんどが防水工の我流です。水の染み出し具合や地下水の水位を見きわめながら、使用する材料や〝工法〟を自分で考えていくしかありません。といっても、特殊な技術があるわけじゃないですよ。同じような作業をじっくり丁寧に繰り返していくだけですから。

——ただ、あまりじっくり丁寧にやっていると、工期に影響してきませんか?

だから、現場監督さんのなかには、「工期が遅れているので適当に手を抜いて早く終わらせてほしい」と平気で言ってくる人がいます。本当なら防水剤を二回塗るところを、一回でいいからと……。でも、それだけは絶対認められませんね。こっちは「そこまでちゃんとやらないと防水にならないから」と説明するんだけど、向こうは「そこまでやらなくてもいいから」と言い返してくる。あるときなど、押し問答になった末に、「どうしてもと言うなら、責任は私が取りますと一筆書いてくれ」って怒鳴ったこともあります。

——いかにも職人らしいエピソードですね。防水という仕事に出会って、やっと天職にたどり着いたという感じですか?

いや、いまだに防水が天職とは思いませんね。外でやる仕事だから梅雨の時期はどうしても仕事が減るでしょ? 「やっぱり内装屋になればよかったかな」(笑)、なんて思う日もありますよ。流されるようにしてたどり着いた仕事なんでね、いまは毎日淡々と続けているだけです。

板金工《ばんきんこう》
家業を継ぐ、技術をつなぐ

下田守広

薄い金属の板を加工して屋根葺材や庇《ひさし》にしたり、雨樋《あまどい》などを取り付けたりするのが板金工の仕事だ。専用のハサミや工具を使い、金属板を折り紙のように自在に曲げていくそのさまは、寄席《よせ》の紙切り芸のようでもあり、見ているだけで面白い。下田氏は同じ板金工を父にもつ。といっても、そのまま家は継がなかった。独自の道を切り拓こうと今も悪戦苦闘を続けている。

――お父さんも板金工だそうですね。

ええ、ですから中学生のときから日曜日や夏休みになると、父の手伝いで現場にはよく連れて行かれました。本当は体育の先生になりたかったんです。昔からサッカーをやっていて、高校三年の夏にはクラブユースの全国大会で二位になるくらい、けっこういいところまで行ったんです。だけど、その大会が終わる頃、ちょうど父が仕事中に屋根から転落して……少なくとも半年間は動けないと言われました。私は突然、父に代わって一家五人を養っていく必要に迫られたんです。それで板金工に。体育の先生になる夢はそこで諦《あきら》めました。

——修業はどうされたのですか？

板金の組合を訪ねて、腕のいい板金屋さんを紹介してもらい、そこに弟子入りしました。でもそこはいろいろあって一年で辞め、組合がやっている板金の学校に通うことにしたんです。その学校で、自分の師匠となる親方に出会いました。親方のもとでは、それから七年間修業しました。師匠は、昔ながらの技術を大切にしながらも、新しい技術や製品を積極的に取り入れていく人でしたね。なにより若い職人を育てるのに熱心で、僕ら若いもんの面倒もよくみてくれました。

——独立されたのはおいくつのときですか？

二六歳のときです。あえて実家の板金屋は継がず、自分の会社を立ち上げました。独立して最初の半年くらいは、修業時代から付き合いのあった元請けさんから〝ご祝儀仕事〟をたくさんいただき、注文がひっきりなしの状態でしたね。ひどいときは一日に二〇時間も働いているようなありさまで……。建売住宅もやれば、建築家のデザイン住宅もやる、板金だけじゃなく、コロニアル（屋根材）を張ってみたり、サイディング（外壁材）を張ってみたり、雨樋を付けたり。それこそ、依頼された仕事はすべて引き受けました。当時は、「何でもできなければ『板金屋』じゃない」という気負いみたいなものがあったんです。

——実際、何でもできないと仕事にならないものですか？

いや、逆ですね。昔はそういう人もいましたけど、いまは「なんでも屋」の板金屋は少ないと思います。最近は、あらかじめ工場で加工された建材が増えているでしょ？　そうなると、現場での作業は専用の工具さえあれば簡単にできてしまうんです。だから現場の仕事は今ものすごく細分化されていて、サイディングならサイディング、雨樋なら雨樋だけをひたすら取り付けていく職人が増えています。いろんな技術を習得する前に、一つの取り付け技術だけを身に付けて独立する人が増えているんです。でもそういう人って、職人としての技術を売っているというより、現場から現場へ手間（賃金）の高いところばかりを渡り歩いているようで、自分としてはちょっと違うかなと感じますね。

――技術を売ってこその職人なんですね。

ですから僕は、三年前から仕事のスタイルを変えたんです。いまの仕事は、建築家の先生が設計するデザイン住宅か古い家屋の改修工事が中心です。扱う材料はガルバリウム鋼板・銅・ステンレスに絞りました。そのうえで、屋根・壁・雨樋など本当に板金加工の技術が求められる現場の仕事しか請けない、そう決めたんです。

――デザイン住宅中心ということですが、相手が建築家だといろいろと無理難題を吹っかけられることがないですか？

そうですね。建築家の先生とのやり取りは、いまだに試行錯誤の連続です。たとえば、自分ではうまくできたと思っていたのに、五日がかりでようやく葺き上げた、自分ではうまくできたと思っているガルバリウム鋼板の屋根を、先生がご覧になって、「私がイメージした屋根は、こんな感じではなかった」とおっしゃることがたまにあります。たしかに、設計側と施工側は、同じ話をしているようでいて、実は各自が持っている完成形のイメージが全然違うことも珍しくありません。そのあたりは、ある程度覚悟しています。だから、なるべく同じイメージを共有できるように、打ち合わせは入念にするし、詳細な施工図《せこうず》も描くようにしているんです。それでも「イメージと違う」と言われると、正直、どうしていいのか分からなくなりますね。

——ほんと、どうすればいいんでしょうね。

こんなことを言うと失礼かもしれませんが、最近感じているのは、「イメージと違う」とおっしゃる先生には、そもそも確固たるイメージが最初からないのではないかということです。詳しく聞いてみると、そうおっしゃる先生に限って、どうも板金のことをよくご存じない方が多いんです。ガルバの板をどのように加工するとどのような屋根が出来上がるか。それだけの話なのですが……。逆に、現場によくいらっしゃる先生とは、揉めることはまずありません。そういう先生とは、早い段階から互いにアイデアを出し合っていけるので、結果的にいいものに仕上がりますね。

——板金のアイデアってどんなものですか?

屋根廻りの板金であれば、基本的には「水に流れたいように流れさせてやる」。これが大事なんです。たとえば、屋根に付いている天窓の枠を、板金を加工して納めるとしますよね。そのとき、僕の場合は、窓枠の上部（棟側《むね》）に棟から流れる落ちる雨水が、天窓のガラス面にそのまま乗るように、あらかじめ板金で勾配を付けておきます。すると、雨水が窓枠の付け根にぶつからないで自然に流れ落ちてくれるんです。

屋根でも庇でも、水が自然に流れない設計は、いつか必ず漏水《ろうすい》を起こします。だから、いただいた図面を見てそこに配慮がなされていなければ、自然に水が流れるような形に変えてもらうようお願いすることもあります。こう言うと偉そうに聞こえるかもしれませんが、はめ殺しの天窓だったら、建築家の先生には窓枠の大きさだけを描いてもらえばそれでいい。あとは、自分が絶対に漏らないように納めます。もちろん、すっきり、格好良くです。

――皆が皆、下田さんのような板金工ならいいんですけどね。

いや、腕のいい職人は世の中にいっぱいいますよ。ただ、僕がいま危惧しているのは、腕のいい職人たちの技術が次の世代にきちんと伝えられていないのではないかということです。まさに父がその典型でしたが、自分の技術を弟子にしっかり伝えている人って、実はものすごく少ないんです。でも、誰かが伝えていかないと、職人の技術は建築の現場からどんどん消えていく一方ですよね。自分はたまたま父の跡を継ぐかたちで板金屋になりましたけど、そこには家業を継ぐ以上に、板金の技術をつなぐという意味もあったのかなぁと、近頃は思い始めているところです。

裏か、表か

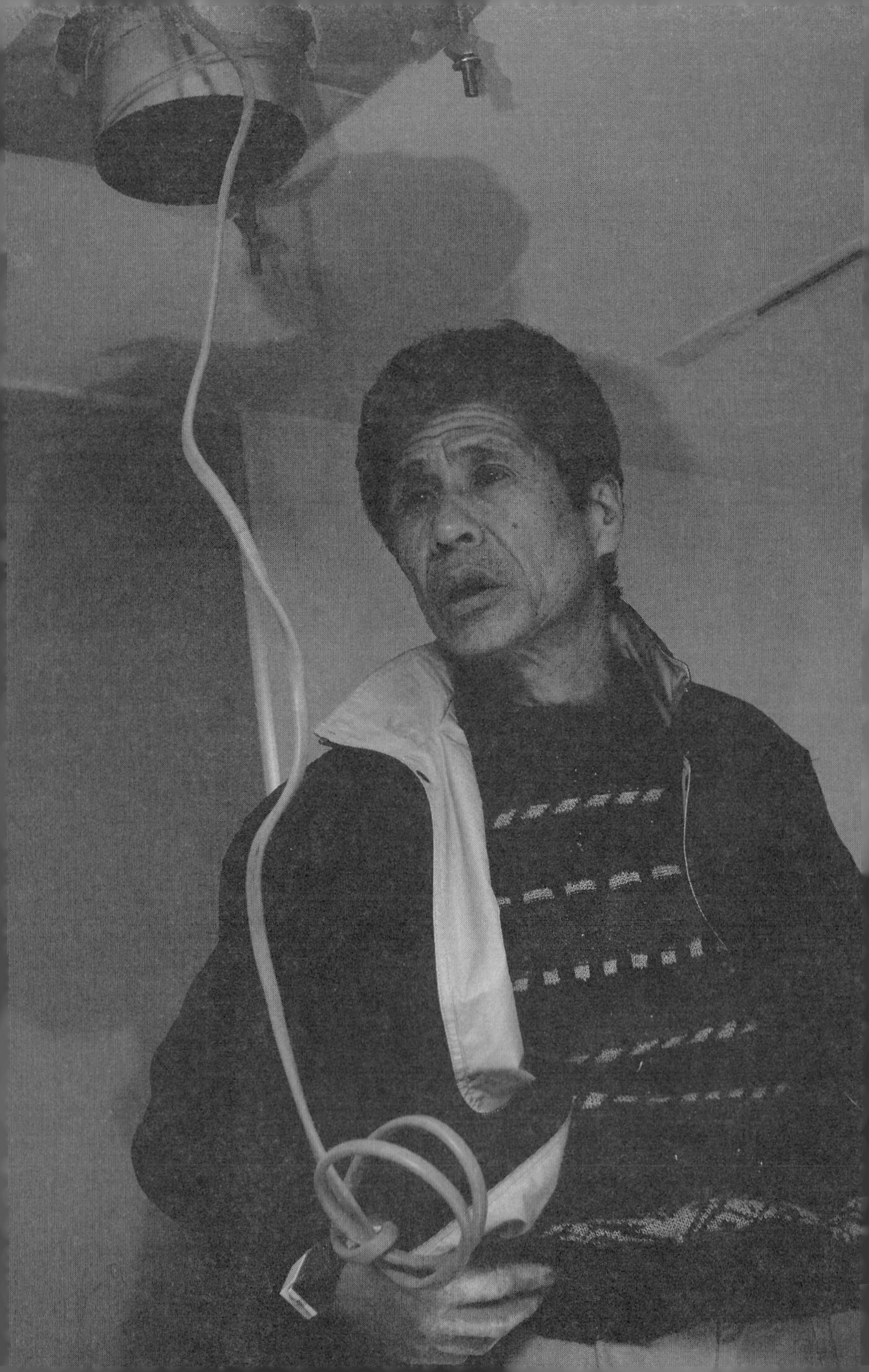

給《きゅう》排《はい》水《すい》設《せつ》備《び》

一本一本心臓から血管をつないでいくように

小池猛

一つの建物には必ず、表《おもて》から直接見える仕事と見えない仕事が存在している。見える仕事とはもちろん、壁や床の仕上げであり、家具や建具の設置である。一方、見えない仕事の代表格が設備工事だ。給水・排水のための配管設備、電気・空調のための配線設備、トイレなどの衛生設備……。建物の裏側に隠れた世界にも、職人たちの悲喜交交《こもごも》が顔を覗かせる。

――建築の設備工事は、さまざまなジャンルに細分化されると思います。小池さんのご専門はどのあたりですか?

たしかに大きな現場の工事なら、給排水設備、衛生設備、空調設備、電気設備、あるいは消防設備というように細かく分かれているでしょう。けれど、私のように戸建てや小規模の共同住宅をやっているような者は、一人で何でもやらないと仕事になりません。かといって、あまり手を広げすぎても、現場で使う配管の種類が増えて仕事の効率が悪くなる。そのあたりのさじ加減は難しいところですね。

――「何でも一人で」となると、幅広く技術を身に付ける必要がありそうですが、修業というのはどのように行われるものなのでしょう?

あくまで私の場合ですが、最初はベテランの職人について見よう見まねで覚えました。技はすぐに盗めるんです。でも、なぜそうするのかという理屈までは分からないから、自分で技術書を買ってきては勉強することになります。ただ、この世界は次から次へと新しいものが出てくるでしょ? そのつど一から勉強していかないとついていけません。たとえば、昔の湯沸かし器はたいてい家の中に取り付けていました。でも今は、ほとんどが屋外に設置して操作はリモコン、中はIC回路です。給湯器ひとつとってもこれだけ複雑になっているんだから、いくら腕のよいベテランでも、勉強を怠ればすぐに取り残されてしまうのは当然です。

――そもそも設備工事の職人に求められる能力とは、どんなものですか?

基本的には手先の器用さです。それとボルトを締め込む作業が多いから、腕力にも自信があること。もっともそれ以上に重要なのは、仕事がカタいか、カタくないかということでしょうね。

――カタい?

手堅いのカタい。配管だったら、その微調整をどれだけ速く正確にこなせるかということです。たとえば、風呂場の壁に羽目板《はめいた》を縦に張るとします。このとき、その壁に取り付けられる水栓《すいせん》（水道の蛇口）の位置は、板と板が合わさる目地のライン上にぴったり揃っていないと見た目に気持ちが悪い。われわれには、それをどう合わせていくかが問われてきます。茶室に取り付ける水栓なんて、場合によっては五ミリの妥協すら許されないときがあるんです。

——位置を合わせるというのは、そんなに難易度の高い作業ですか？

だって、水道管は一本だけじゃないでしょ？　敷地の外を走っている上水道の本管から、何本もの管を縦に横につないでいって初めて部屋の中までたどり着くわけです。管と管とはネジで締め込んでいきますが、硬いネジもあれば緩いネジもある。それらを何カ所も締め続けていくと、最後の管をつなげる頃には、最初に想定していた位置から必ずといっていいほどずれるものです。

——それを一回でぴたっと合わせられるのが「カタい人」？

そういうことです。メーカーによってネジの硬さも違いますから、こいつは三周回せば締まるヤツだとか、四周半回さないとダメだとか、いろいろな要素が頭に入っていないと、一回で決めるのは難しいですね。

——微調整を求められる場所は、設計している建築家によっても異なりますか？

ええ、建築家の先生たちはそれぞれ独特の感覚をお持ちですからね。いろいろ細かな指示があります。もちろん、建築家が現場の監督や職人に情けをかけていてはいいものはできません。でもなかには、「そこまで直さないとダメなの？」という不可解な要求もありますね。

――ついカッとなることも？

そりゃあ……（笑）。ただね、一言「申し訳ない」と。「お客さんがどうしてもと言うので頼みます」と。そうやって頭を下げてもらえればそれでいい。こっちだって仕方ねえなという気になるものです。

――申し訳なさそうに言えばいいわけですね（笑）。

そうそう。うそでもいいからすまんという気持ちを表してくれればね。逆に、「一晩寝て起きたら、グッドアイデアがひらめいちゃった」みたいな顔で指示されると、こんにゃろとなります。

おそらく設備工事って、建築現場では非常に〝下〟に見られている職種なんですよ。

――下というのは？

現場には、なぜか自然に出来上がった職人のランクみたいなものがあるんです。大工がいて、左官がいて……それから鉄筋工、型枠工がいて……、設備はずっーと下、下から数えたほうが早いですね。なぜかというと、たとえば鉄筋コンクリートの建物なら、設備の職人は早い段階で壁にスリーブ（壁や床に排水管などを貫通させるために、あらかじめ設置しておく塩ビ管や紙筒）を通しておかないといけない。でも、そのスリーブが、鉄筋工や型枠工にとっては作業の邪魔になるんです。ひどいのになると、スリーブの中にわざとモルタルを詰めたり、鉄筋を入れたりして意地悪する人もいます。だから昔は、スリーブを入れさせてもらうためだけに、わざわざ鉄筋工の親方のところに一升瓶を持って挨拶に行くこともありました。さすがに今はそんなことはなくなりましたけど、昔はそうやって年がら年中頭を下げていないと、自分の仕事がうまく運ばなかったんです。そのせいで、いまだに現場では下に見られてます。

――あまり根拠のない上下関係ですね。

でも、いまだにそうですよ。ほかの職人の仕事が遅れれば、当然こちらのスケジュールも厳しくなるけど、誰もそれを悪いと思っちゃいない。それに、うまく配管が納まっても誰も褒めてはくれない。たまにあるんです、今回の配管はぴたっと納まったなぁっていう快心の出来が。でも、端《はた》から見ればそんなこと分からないし、できて当たり前の世界です。

こう言っちゃなんですけど、大工なら一〇〇本のうち一本くらい釘を打ち損ねても致命的な問題にはならないでしょう。でも、給排水設備はたった一本の配管をミスしただけでもアウト。天井から水が漏れてきます。そういうときに限って下がクローゼットなんだ（笑）。で、施主《せしゅ》（建築主）からは人殺しを見るような顔で睨まれる。

――たいへんな役回りです。

自分だけの責任ではすまないしね。ただ、設備屋の唯一のプライドとでもいうのかなぁ……個人的には、われわれが一本一本心臓から血管をつないでいくように、建物を血の通ったものにしているんだという思いね。それがあるから、なんとか四〇年近くこの仕事をやってこれたような気がしています。褒められたことは一度もないんだけど。

電気設備《でんきせつび》 「最後」の仕事

保坂和弘

電柱から建物に電気を引き込み、分電盤の据え付け、各部屋への配線、コンセントやスイッチなどの取り付けを行う電気設備工事。最近はインターネット用のケーブルなど、いわゆる「弱電《じゃくでん》」と呼ばれる配線の工事も増えている。自称、「現場で一番立場の弱い職人」が、職人冥利に尽きる瞬間とは？

——電気設備の職人さんが現場で一番よく使われる道具って何ですか？

うーん、ペンチですかね。

——いわゆるプロ用のものを？

いえいえ、特にプロ用というものはなくて、なるべく刃がしっかりと噛み合う、よいものを選ぶだけです。それでも二〇〇〇～三〇〇〇円くらいだから、大工さんなんかに比べたら道具自体は安いもんです。

――お気に入りのペンチは何年も使い続けるとか？

そうでもないです。短いときは二〜三日で新しいものに交換したこともありました。そのときは買ってすぐにショートを起こしちゃって、ペンチの先が溶けて使いものにならなくなったんです。配線コードに電気が通っているのを知らずに、プラスとマイナスの線を同時に切ったからバチッときたんですね。まあ、これは極端な例ですけど、われわれの道具はどちらかというと消耗品ですから、大工さんみたいに、同じ道具をメンテナンスして何年も使うということはありません。せいぜい、二〜三年くらい。

――ショートを起こしたということですが、その場合は感電して倒れてしまったり？

さすがにそれはないです。私みたいに住宅をメインに仕事をしている職人は扱う電気容量が小さいから、感電してもたいしたことないんです。その代わり――というのも変ですけど、ちょっとした感電はしょっちゅうですね。むしろ、脚立《きゃたつ》の上で感電して、そのショックで床に落ちちゃうほうが、よほど危険かもしれません。いますよ、知り合いに何人かそういう職人が。

――電気設備の職人さんは、仕事のなかに各自の個性が現れる場所ってあるものですか？

まあ、はっきりと目に見えるかたちでは現れませんが、配線のルートづくりは人によって上手・下手が出るでしょうね。特に最近は建物の形が複雑になっているので、なおさらです。必ずしも正解があるわけではありませんが、配線をいかに最短距離で効率よく回していくか――これは人によって少しずつやり方が違います。長くなれば使う配線を太くしなければなりませんし、そうなると電圧にもかかわってきます。私も若い頃は先輩から、「ここは配線を通していい場所」「ここは孔をあけていい場所」と、ルートのつくり方に関しては細かく指導されました。

——配線にもいろいろあるでしょうが、おそらく建築界のなかで最も技術の更新が激しい職種は、電気設備ではないかと思います。実際にはいかがですか？

たしかにそうでしょうね。私がこの仕事を始めた頃は、「部屋にはなんでも一個ずつ」が当たり前の時代でした。コンセントも、スイッチも、照明も全部一個ずつ。それが、いまやどの部屋もスイッチだらけになっています。最近はエコがブームみたいですが、そうはいっても家のなかは便利なほうがいいわけで、新しい電化製品・設備は増える一方。ホントにエコなんですかね？　特に弱電関係（インターネットなどの配線）が急増したおかげで、このところ仕事の量が一気に増えました。

——その弱電ですが、たとえばインターネットのように、それまでまったく存在しなかったものについては一から勉強するわけですよね？

「それが仕事ですから」と言えれば格好いいですが（笑）、常に新しいものを覚えていくのはやはり大変です。特にLANや地デジなどは、お施主さんのほうがよっぽど詳しいですからね。まあ、こっちも仕事柄、分かりませんとは言えないから、メーカーの講習会に出たり、技術書を読んだりして必死に喰らいついていくしかありません。

——私が保坂さんなら、これ以上新製品を出すのはやめてくれと泣き言を言いたくなりそうです。

私も、正直言ってそう思います。モニター付きのインターホンひとつとっても、有線もあれば無線もある、似たような製品でもメーカーによって配線の方法が変わる。きりがありません。ただこれも見方を変えれば、同じ仕事は二つと存在しないということです。端《はた》から見れば似たような作業も、中身はすべて違うわけですからね。何も考えなければ電気ほど単純な仕事はありませんが、やろうと思えばこれほど奥が深い世界はありません。やり始めると本当にきりがないんです。


——工事の種類も量も増えていく一方ですからね。その分手間（賃金）がアップするということは……。

ないですね（笑）。そこを抑えられちゃうから困るわけです。


——それでも、お金には代えがたい醍醐味。保坂さんが職人冥利に尽きると感じる瞬間はどんなときですか？

やっぱり、最後でしょうね。全部の作業が終わって引渡しの直前が最高の瞬間です。電気の職人って、その家の最初から最後までずっとつき合う唯一の職人なんです。まず最初の仮設工事の段階で電気を供給して現場をスタートさせます。それから六カ月とか八カ月、要所要所でやって来ては仕事をします。その間、設計に変更が出ないことはまずありませんから、それにも逐一対応していきます。特に竣工間際になると、お施主さんに、「自分はこの家で生活するんだ」というイメージが湧いてきますから、さらに変更点が増えてくる。ここに家具を置きたくなったからコンセントの位置をずらしてとか、テレビの位置はこっちのほうがよかったとか。そういう要望にはできる限り応えてあげたいでしょ？　だから、そのつど大工さんや左官屋さんに頭を下げて、すいませんすいませんと言いながら壁に孔《あな》をあけさせてもらう。そういうのがぜーんぶ終わって、引渡しの前にお施主さんにありがとうと感謝されて……。うん、やっぱり最後ですね。

——やはり現場では、大工さんや左官屋さんに遠慮するものですか？　給排水設備の職人さんも似たようなことをおっしゃっていましたが……。

そうですね。でも、同じ設備の職人でもわれわれ電気関係のほうが腰を低くしている度合いは〝上〟でしょうね。いろんなところに孔をあけては、みんなに恨まれていますから。

——給排水設備の職人さんより腰の低さは上？

でしょうね。立場は一番弱いと思いますよ。電気は最後の職種ですから。

——最後？

そう、最後。家の中にあるものを思い出してみてください。家具は昔からありますよね？　水道は比較的最近入ってきたものですが、それでも電気よりは前ですよね？　建築の歴史をたどってみると、現場に入ってきたのは電気が一番新しいんです。新入り。だから、いつまで経ってもほかの職人さんに頭が上がりません。しかも、仕事は増える一方。まったく、いい仕事を選んだもんですよ（笑）。

石工《いしく》

伝説の親方

関田嗣雄

地震の多発するわが国では、建物を石積みでつくることはまずないが、壁の仕上材として、あるいはマンションのエントランス部分などに、部分的に石を張ることは多い。バブル期は、「猫も杓子も石を張っていました」という関田氏。景気の低迷が続くなか、現在は石の扱われ方もずいぶん様変わりしてしまったようだ。

――石工になられたきっかけを教えてください。

うちの社長と、私の父親が昔から懇意にしていたので、そのツテです。最初はアルバイトのつもりで、とりあえずスーツを着て面接を受けてみました。そしたら、「分かった、じゃあ明日から来いよ」と。「六時に立川《たちかわ》(東京都立川市)な」。はい。「スーツで来るなよ、汚れるから」。で、次の日に行ったら、いきなり職人に混じってモルタル練《ね》りと石運びです。職人の世界ですから手取り足取り一から教えてくれるなんてことは、もちろんありません。こっちはスコップを持つ手もたどたどしいわけです。そしたら、「お前、モルタルも錬れねえのかよ」って、一時間もしないうちに怒鳴られまくり。親の紹介ですから面目があるじゃないですか。辞めようかなと思っても、親方が「石の上にも三年だぞ」って（笑）。まあ、三年は我慢しようかと思っていた矢先にバブルです。そりゃもう忙しくなって、ほかのことを考える余裕なんてなくなりましたね。

バブルのときは猫も杓子も、壁から床から天井から、どこもかしこも石を張る。急に増えたのがデパートでした。共用通路や入口の壁が全部大理石になった。バブル真っ最中のときは、東京からわざわざ名古屋のデパートにまで石を張りに行ったこともありましたね。

——あれよあれよという感じですが、石工さんの修業はやはり、モルタル練りあたりからですか？

そうでした。モルタルを練ったり現場まで石を運んだり、そのへんからですね。たいていの石は、木箱に入れたものか、パレットに積んで縄で縛ったものをハンドリフト（荷物を載せるパレットを移動させるための器具の一種。人力で動かす）で運ぶわけですが、ハンドリフトで運べないところ、たとえば、階段を上がらなきゃならないとか、段差のあるところなんかは、そこから手運びになります。

——手で抱えるようにしてですか？

そう、一枚ずつ手で抱えて。今日行った現場では五〇キロくらいのやつを八〇枚ほど運びました。現場まで八〇メートルくらいあったかな？　それを三人で行ったり来たり、朝の一時間で。

――私みたいな軟弱者には間違いなく無理です（笑）。

以前は、派遣会社から運搬のバイトに来てもらった時期もありましたけど、「重くて持てませーん」って投げ出されちゃうことが多かったので、最近は頼んでいません。たかが運搬と思われるかもしれませんが、自分らにとって石はガラスと一緒なんです。ガツンとやったらそれでパー。だから、昔の職人さんには「音をたてて置くな」と厳しく言われました。音がした時点で石は欠けている、一カ所でも欠けたら商品にならないんだ、と。なので、ちょっとでも傷つきそうだと思ったら、下にゴムシートを敷いて、腰を落として膝を落として、ゆっくりゆっくり下ろしていきます。

――そうすると腰が！

そうなんです。ですから、ほとんどの石屋さんは腰をヤッてますよね。腰ベルトを巻いている方がほとんどです。七〇～八〇歳の職人さんはみんな腰が曲がっていますよ。

――運搬だけでも大変そうですが、その先の技術、石工さんの職人技というのはどのあたりに優劣が出るものですか？

これはタイルも同じでしょうけど、壁に張っても床に張っても、ぱっと全体を眺めたとき、水を打ったように平らな状態がつくり上げられている――技術的にはここまでいくのが本当に至難の業なんです。石というのは、最初にガイドとなる糸を張っておいて、その糸にならって張っていきます。でも、距離が長くなれば糸は自然とたわんでくるでしょ？　真ん中が若干低くなってしまう。ということは、ガイドの糸を信用しすぎると、なんとなく違和感のある出来にしかならないということです。石と石の間の目地を見れば、どこから見てもそれが分かります。

——糸のたわみまで計算に入れて平らに張る、と？

そうです。それがきちんとできる親方はホントにすごい人です。昔は、伝説の親方と呼ばれるような人が本当にいましたからね。「とにかく、どこまでいっても真っ直ぐだね！」みたいな。それも職人が二〇〇人くらい入っている大きな現場でですよ。全体の統括もしっかりやりながら、よくこの精度で仕上げたなという現場がいくつかあります。それはもう、見ただけでどれだけしんどかったかというのが伝わってきます。

——関田さんの現場はいかがですか？

私の場合、とりあえず合格と言えるのは、十件あったら七件くらいですね。全部満足ということはないです。お前は細かすぎるんだよってよく言われますけど、どこかしら不満は残るものです。

石って、さっきの話とは逆に、湾曲させなきゃならないところもあるから、これもまた難しい。たとえば、マンションのエントランスを出たところみたいな、屋外の床に石を張る場合は、平らにすると真ん中に水が溜まりますから、真ん中を高くして両サイドを下げておかないといけない。なおかつ手前にも下げていかなきゃならない。そうなると三次元の世界です。これを完璧に仕上げられるようになるには、まだまだ自分には勉強が足らんですね。奥が深いですよ。

――さっきバブルの話が出ましたが、いまの建設業界は当時と比べて何か変わりました?

最近の現場は……個性的な現場が少なくなってきたなという印象を持っています。私が石工になった頃は、大理石や御影石《みかげいし》をふんだんに使って個性に富んだ家をつくられる方が多かったですけど、いまは皆さんお金はかけているんだろうけど、結果として同じようなところに落ち着いてしまうみたいですね。特にマンションなんかがそうじゃないかなぁ。全然違うデベロッパーさん、全然違うゼネコンさん、全然違う建築家さんなのに、出来上がったものを見ると、どれもそっくりだねぇということがよくあります。

――ゴージャスだけど個性的ではない?

そうですね。せっかくお金を掛けているのに似たようなゴージャスに落ち着いていますね。ただ、個性的ならばそれでいいのかといえば、それはまた別の話。最近はセレクトプランといって部屋ごとに内装を選べるマンションが増えていますが、あれはあれでけっこう大変なんです。部屋別に、使う石の裏に全部番号を振っていかないといけませんから。何号室の壁の色は何、玄関のタタキの色は何、といちいちチェックしていくわけです。一瞬、俺は何をやってるんだろうって(笑)、ハッと我に返るときがあります。まあ、そういう意味で、つくり手側の個性は薄くなっていますけど、逆にお客さんの好みは非常に個性的になっている時代といえるのかもしれませんね。

タイル工《こう》
それから、劇団に入団しました

高橋政雄

外壁・床などにタイルやレンガを張っていくタイル工。左官の職人が下地《したじ》を整えた上に水糸を張り、モルタルや接着材を使って張り付けていくのが最近のスタイルだ。一度はこの仕事を捨てたが、再び宿命のように舞い戻ってきた高橋氏。長いブランクの間に、タイル張りの現場には思わぬ変化が起こっていた。

——修業を始められたのはおいくつのときですか?

二〇歳になってからです。それまでは姉夫婦が経営していた町工場で主に旋盤工《せんばんこう》として働いていました。当時はまだ、手に職をつければなんとかなる、そういう時代だったんです。タイル職人へ転じたのは……いまでもはっきり憶えています、八月の日曜日の午後二時頃のことでした。きょうは日曜日だから、あと一時間もすれば帰れるなと気が緩んでいたんでしょう。ハッと気づいたときには機械に手が巻き込まれて、中指が切断されていました。それで旋盤工としての人生はあきらめざるを得なくなった。さあ、どうしようかと悩んだのですが、私には兄が二人いて、当時からどちらもタイル職人として活躍していました。ですから、そこで雇ってもらうようなかたちで再スタートを切ったんです。

――お兄さんが師匠なんですね。

そう、それがなんともシャラクサイわけです。いい大人がいつまでも兄貴の世話になるなんてイヤでしょう？　だから一日でも早く一人前になってやろうと、そりゃもう働きましたよ。で、五年目に「俺は一人前になったぞ！」って勝手に宣言して兄の会社を辞めました。

――独立ですね。

いいえ、劇団に入団しました。

――は!?

タイル職人としての技術はすべて身につけたと思ったので、それから秋田にあった劇団「わらび座」に入団したんです。

母親の影響だと思うのですが、小さな頃から歌が好きでねぇ。あと、時刻表を見るのが好きで好きで。時刻表を見るだけで夢が広がっていく。旅と芸能に対する憧れとでもいうのでしょうか、どうしても一回そういう仕事をしてみたかった。私は無神論者ですから、前世も来世もない、人生はこの一度きり、だったらやりたいことをとことんやったほうがいいじゃないか、そう思ったんです。

――それはまあそうかもしれませんが……ご家族からは何と？

父親には「勘当《かんどう》だ」と言われ、母や兄たちにはずいぶんと泣かれ、それなりに大変な選択ではありましたね。

——劇団では役者として？

いえ、舞台美術が中心で、裏方としていろいろなことをやらせてもらいました。北は稚内から南は沖縄まで各地を公演で回りましたが、ときには公演先の地元の人と、利益の分配をめぐる交渉まで私がやりました。あるときは田んぼの真ん中に舞台を設営したり、またあるときは三〇〇〇人入るホールに一〇〇人くらいしか来そうにないと分かり、客席に幕を張って客入りの悪さをごまかしたり。本当にいろいろなことをやりましたね。

こんなこともありました。坂戸《さかど》（埼玉県坂戸市）に文化会館ができたばかりの頃ですけど、わらび座が公演するというその日に、ジャイアント馬場の全日本プロレスも近くにやって来ることが分かったんです。向こうは町を挙げて青果市場にリングをつくってやるという。これは負けられないってんで、うちの二番目の兄貴と母親が助っ人を買って出て、どうしたのか分かりませんが六〇〇枚くらいチケットを売ってくれたんです。おかげで、一〇〇〇人くらい入るホールは満員になりました。そのときですよ、あぁ、自分のやってきた仕事は間違いじゃなかったなと思ったのは。

——失礼ですが、当時はそれで食えていたのでしょうか？

正直、厳しかったです。お恥ずかしい話、三五歳になってもまだ、毎月三〇〇〇～五〇〇〇円ほど母親からこっそり小遣いをもらっていまして……。家内も同じ劇団員だったのですが、子供が生まれてからは私一人分の稼ぎしかないので金銭的には相当苦労しました。好きで始めたこととはいえ、こんな状態では二人目の子供を養っていくのは無理だろうと、三六歳のときに劇団を退団しました。

――それで、この世界へ復帰された？

再び兄の世話になりました。その兄も今は引退して、現在の会社は私が引き継ぐかたちで営業を続けています。

――復帰前後でタイル工事をめぐる状況は変化していました？

建築の世界に戻ったちょうどその頃、タイル工事の工法が大きく変わり始めていました。モルタルの上に一枚ずつタイルを張って積み上げていく、昔ながらの「ダンゴ張り」から、接着剤で直接タイルを張り付ける「圧着《あっちゃく》張り」に移行していたんです。それに伴い、以前はタイル職人が自分で墨出しをしていたのに、圧着張りでは下地《したじ》の調整までを左官屋さんがやるようになっていました。おかげで、左官屋さんにはずいぶんと嫌味を言われたものです。

――嫌味というと？

昔は、現場監督、鳶、左官の三人が「建築現場の偉い人」みたいな雰囲気で幅を利かせていました。それ以外の職人は皆この三人に気を遣っていたし、彼らにはよく怒鳴られたものです。なのに、圧着張りが出てきたおかげで、それまで下に見ていたタイル職人のお膳立てを、「偉い」左官屋さんがやらなければならなくなった。そりゃ左官屋さんにしてみれば、面白くないでしょうよ。

——ただ、圧着張りが普及したおかげで、工期は大幅に短縮されましたよね？

そうです。それまで二～三年かかっていた現場が、五～七カ月でできるようになりました。

——その分、職人の技術が失われた部分もある？

そのとおり。ただ職人というのは、常に新しいものを採り入れていく、学んでいくという姿勢も大切です。私くらいの歳の職人になると、どうしても昔ながらの技術に縛られがちで、若い人と一緒に仕事をしても彼らのよいところ、新しいやり方を素直に認められないことが少なくありません。たしかに建築の工法は、なるべく技術を必要としない方向に進んでいます。けれど、それはそれとして、私たちが現場や若者から学べることは、まだまだたくさんあるんじゃないでしょうか。それは芸事だって同じでしょう。

——建築も芸能も同じ？

か、どうかは分かりませんが、どちらも何かを創造する仕事でしょ？　そのためには、常に学び続けなければならないってことです。それだけはたしかでしょうね。

——ちなみに、今後、タイルの仕事以外でやりたいことって何かあるんですか？

うーん、また全国を歩いてみたいですね。本当はキャンピングカーがいいんだけど、お金がないから軽トラックか何かでね。劇団のときには稚内から沖縄まで行きました。でも死ぬ前にね、もう一度自分の人生を振り返る旅をしたいなという気持ちはあります。カァちゃんと一緒に行ってみたいやね（笑）、強制はしないけど。

左官工《さかんこう》 必ず誰かが見ている

浜名和昭

その由来は、平安時代にまでさかのぼるといわれる伝統の技術、左官。現在は、木造の住宅や社寺を専門にする人と、鉄筋コンクリート造のビルやマンションを専門にする人に大きく分けられる。鉄筋コンクリート造の建物が大量につくられた昭和30~40年代の高度経済成長期には多くの左官職人が必要とされた。しかし現在は……。

――最近、景気はいかがですか?

うーん、あまりよくはないですね。仕事はずっとあるんですけど、儲けを出しにくい時代になりました。ご存じのとおり、左官には非常に高い技術が求められますが、今はそれが「経済的」に認められていないようなんです。なにしろ、二〇年前から手間(賃金)がほとんど変わっていませんから。

――いまだに二〇年前と同じ!?

いやいや、いま言ったのは請負《うけおい》手間（一つの仕事全体に支払われる賃金の総額）のほう。親方の僕が職方《しょくかた》に支払う手間はずいぶん上がっています。バブル前は日当一万五〇〇〇～六〇〇〇円くらいでしたけど、バブルのときに二万～二万五〇〇〇円までぐっと上がって、今もその水準を保ったままです。一度上がったものはなかなか下がらないんでね。

僕が小僧の頃は――ということはもう四〇年以上も前ですが、職方の手間は安かったから親方は相当利益を出したはずです。でも今は、職方の手間は上がったまま、請負手間は上がらない。だから仕事を出すほう（親方）はほとんど儲かりませんね。お金のことだけ考えれば、使うより使われるほうがずっといい。僕も使ってほしいくらいですよ。

――浜名さんが「小僧の頃」の初任給って、おいくらだったんですか？

小僧の頃は、一カ月で六〇〇〇円だったかな？映画が一本五〇〇円の時代です。でも、僕らの時代ってみんな貧乏だから、そんなに苦じゃなかったんです。ご飯は親方が食べさせてくれましたし。

親方についたのが十六歳のとき。以来、福井、石川、富山と修業しながら一緒にいろんな現場を回りました。それから、年季が明けて一年間のお礼奉公をして、何のアテもなかったけど二二歳のとき東京に出てきました。さっそく新宿の職安に行きましたよ。そしたら窓口の人に、「あなた、職人なんだから仕事のツテくらいあるでしょう」って言われてね。でも本当にツテなんてないから、むりやり仕事を紹介してもらいました。で、東京で最初の現場でもらった手間が、なんと六七〇〇〇円。田舎でも見習いが終われば日当七〇〇〇円ですよ。なーんだ、東京もたいしたことねえなって、ちょっとがっかりしたのを覚えています。

――日当以外はどうでしょう？　建設現場も当時と今ではずいぶん変わったのでは？

そうですね。いまは左官を塗る場所がすっかり減っちゃいました。昔は今ほど型枠の精度がよくないから、鉄筋コンクリートの建物なら、どこもかしこも左官を塗って調整するのが当たり前だったんです。アパートの階段・手摺《てすり》なんかはモルタル仕上げがほとんどで、とにかく塗るところだけはたくさんありました。若い職人はそういうところで場数を踏んで腕を上げていったんです。左官の鏝《こて》だって、僕が若い頃は塗り場所によって何種類も持ち替えていたけど、いまじゃ二種類くらいあれば塗れるようなところばかりですよ。

――いつ頃からですか？　塗る場所が減ったのは。

おそらく、GL《ジーエル》工法（専用のボンドで壁になるボードをコンクリートに直接張る工法）が出てきたあたりじゃないですか？　僕が上京した頃には、すでに減り始めてましたから。左官の欠点って、やっぱり「割れ」なんです――ま、割れるから本物だって言い方もできるんですけど……木だって割れますからね。その欠点を補うために出てきたのが、内装だとビニールクロス、外装だとサイディング（外壁材）でした。さらに、それに追い討ちをかけるようにゼネコンが言い出したのが「工期短縮」。これを言い始めて、割れやすくて時間のかかる左官はどんどん敬遠されるようになりました。クロス、サイディング、工期短縮。

この三つが、左官が減った理由だと私は思ってます。

――最近は自然素材ブームで、左官の依頼も少しずつ回復しているかと思いますが……。

たしかに、最近のブームで多少は増えているかもしれません。でも、微々たるものですよ。塗るといっても部屋の壁くらいでしょ。結局、小さい現場はたいしたことないんです。やはり圧倒的な面積がないと仕事量という点では話になりません。

という意味では、この前やった現場は久しぶりに面白かった。軽井沢のデッカイ別荘だったんですけど、とにかく塗りの面積が広いわけ。天井にR《アール》（曲面）がついていて、そこも左官。そういう現場は職人冥利に尽きますね。外の壁のほうは横に長かったから、足場をずーっと横につないでね、職人も三～四人連れてくる。そんでもって、みんなで足場の上に並んでさ、「せーのっ」で一気に攻める。同時に仕上げていかないと全体の色調が変わってくるから、そのタイミング、そこが難しいわけです。職人同士で呼吸を合わせて押さえていくところが。

――面白さと難しさの競演ですね。

そう。だって考えてもみなさいよ。もともと軟らかい水みたいなものを、真っ直ぐの壁にしていくんです。そりゃ難しいですよ。「水商売」はなんでも難しいんだ（笑）。しかも、最近の上塗り材は乾きの早いものが多いから、水がすぐに引いちゃう。だから余計に押さえるタイミングに気を遣うんです。

――左官の出来・不出来の分岐点はどこですか？

優秀な職人というのは、必ず二つの共通点をもっています。まず一つは段取りがいいこと。現場を全部一人の職人に任せて、その人が何をどういう順番でやるか見ていれば、できる人かそうでない人かはすぐに分かります。親方から言われたとおりにやる人、これはダメ。臨機応変、その場に応じた発想ができる人じゃないと現場は務まりません。それと、ほかの人との絡み。自分一人で仕事をしているわけじゃないから、作業時間の調整とか、ほかの職人ともスムーズなやり取りができる人じゃないとダメですね。要は段取りなんです、なんでも。

もう一つは下地《したじ》をきっちりつくれること。タイルを張るにしろ、ボードを張るにしろ、下地の出来が悪ければ仕上げもうまくいきません。もし、外壁の入隅《いりすみ》の下地をぴっちり出している人がいたら、その人はホンモノですよ。

まあ、それ以前に、うまい人というのは仕事に対する欲がありますよ。お金じゃなくて、もっとよくしたい、もっと左官のことを知りたいという欲求ね。そういう探究心がある人と一緒に仕事をしていると、こっちも面白いし、負けられないって気にもなりますね。

幸か不幸か、左官は目に見える仕事、後々に残っていく仕事でしょ? とにかくいい仕事をするしかないわけです。一生懸命やった仕事というのは必ず誰かが見ている。ついこの間も、ある家の塀を塗っていたら、全然知らない人が自転車で通りかかって、「今度うちでも左官やってくれよ」って声をかけてきた。たまたま通りかかった工務店の社長だっていうんだね。

常にいい仕事をするしかない。それが、四〇年以上やってきた僕の結論です。

ガラス工《こう》

機関銃はダメだけど

三本正夫

主に、窓ガラスにガラスをはめ込むのがガラス工の仕事といえる。かつては単一の板ガラスが主流であったが、現在は断熱性能を高めるために二枚のガラスの間に空気層を設けたペアガラスも増えている。「昔のようなガラス工はほとんどいなくなりました」——時代とともに変貌したガラス工の、ちょっと危険な知られざる世界。

——修業を始められたのはおいくつのときですか？

もともと実家がガラス屋だったので、子供の頃から家の手伝いはしていました。正式に修業を始めたのは高校卒業後、巣鴨（東京都豊島区）のガラス屋に就職してからです。今でも覚えているのは、その頃巣鴨の銀行に猟銃を持った強盗が押し入りましてね、一発ぶっぱなして窓ガラスに孔《あな》があいたんです。さあ、そいつを取り替えるぞってんで、職人衆が総出で交換に行った。八×二〇尺（約二・四×六メートル）もある大判の窓ガラスをすべて人力で取り替えるというのは、なんとも感動的な光景でした。

――ガラス屋さんの商売道具といえば何ですか？

ガラス切りかな。今は専用のカッターを使ってますけど、昔は先端にダイヤモンドの付いたガラス切りを使っていました。これでガラスが切れるようになるのが修業の第一歩なんです。太い鉛筆みたいな、なんてことない形をしてますけど、実はガラス切りって使う人によってクセが付くから、絶対に貸し借りができない。それと、モノによって当たり外れがある。なのに、どういうわけか、買うときに試し切りをさせてくれない。だから、自分の手にしっくりなじむガラス切りを手に入れるまでには、わりと時間がかかります。ガラス切り以降の段階になるかと思いますが、

――修業で一番難しいことって何ですか？

寸法取りでしょうね。これはいまだに難しいです。たとえば、住宅用のサッシにガラスをはめ込むのであれば、ガラスの寸法はサッシの溝分まで含めてプラス十二ミリ、ビル用ならプラス十五ミリ、木製サッシならプラス六ミリとか、それぞれ大まかな寸法が決まっています。でも、実際にはサッシの種類もガラスの種類も無数にあるから、最後は実測とこれまでの経験から、プラス何ミリでカットするかを決めなければならないんです。いまのガラス屋に職人技と呼べるようなものはほとんどなくなりましたけど、寸法取りだけはまだまだ知識と経験が要求される仕事です。

——昔と今ではお仕事の内容も変わりました？

そりゃもう、まるっきり別の仕事じゃないかと思うくらい変わりました。昔はお店なんか構えないで、愛用の道具箱だけ抱えて現場で仕事をするというのが本物のガラス職人の姿でした。でもいまは、ガラスだけではやっていけないから、ほかの建材の取り付けもやるところがほとんどでしょう。要はガラスに関わる仕事が格段に減っています。

昔多かったのは、パチンコ台のガラスの取り替えですね。いまはガラスに八つ当たりしても簡単には割れませんけど、昔はすぐに割れていました。あと、人形を入れるケース。あれもガラスでできているでしょ？　昔はケースだけを専門に扱う職人もいましたけど、いまは人形を飾るということ自体少なくなっているから、仕事は全然ありません。

そうそう、最近の窓ガラスって割れなくなったと思いません？　窓ガラスを交換する仕事もめっきり減りました。特に学校のガラス。ガラス自体の性能がよくなったこともあるでしょうが、いまの子供はずいぶんおとなしくなりましたからね。

——昔はガラスを割るのも自己表現の一つでしたね。ということは、その裏でガラス屋さんはしっかり儲かっていた？

そういうことです（笑）。うちの周りだけかもしれませんが、最近は学校でガラスを割ったら自分で弁償しないといけないらしいですね。昔は弁償なんてことはなくて、市なり町なりがガラスを取り替えるための予算をきちんと組んでいました。おちおちガラスも割れない世の中になったということです。

——では、今は新築時に窓ガラスを入れるような仕事がほとんどですか？

そうとも限りません。建築家の先生方の仕事だと、アイランドキッチンのガスレンジに耐熱ガラスの衝《つい》立《たて》をはめ込んだり、浴室と脱衣室の間《ま》仕《じ》切《き》りをホテルみたいにガラスでつくってみたり、その時々で流行の仕事があります。浴室にガラスの間仕切りを入れてくれという依頼はいまだに多いですけど、たいてい床に段差をつけないままの設計にするから、浴室からの水が脱衣室のほうに流れてきて、奥様方にはすこぶる評判が悪いですね。こっちは最初から段差をつけたほうがいいって言っているのに、設計のほうが全然聞いてくれない。で、案の定、あとで私らが呼び出されるわけです。

もうずいぶん前ですけど、ラブホテルの浴室を全部ガラスでつくったこともありました。壁も浴槽も全部ガラス。スケスケ。最初に一部屋だけつくって、評判がよければ全部で十部屋つくりましょうという話でしたが、女性客からの評判がことのほか悪かったらしくて……。あと、ある商売の方に頼まれて、事務所の窓ガラスを全部防弾ガラスに交換したのもその頃でした。当時、このあたりはいろいろと物騒な事件が多かったから。

——防弾ガラスと聞くと、なんだか特殊な世界の話のようですが、やはりそれなりに決まった仕様があるわけですか？

別にないですよ。少なくとも私が取り付けた防弾ガラスは適当にやりました（笑）。厚さ四ミリのガラスを六～七枚重ねて二五ミリくらいにしたでしょうか。先方には、「さすがに機関銃はダメですけど、普通の拳銃くらいなら、これで大丈夫ですよ」って説明したんです。でも、実際のところはどうだか分かりません。幸いその人が生きておられる間に弾は飛んでこなかったようですが、もし弾が貫通していたら、こっちも大変なことに……なっていたかもしれません。

——間違いなくなっていたでしょう（笑）。そんなにぎやかだった時代も今は昔、最近のお弟子さんはどうですか？　若い職人さんにはどのような指導をされているのでしょう？

いまはガラス工を募集しても、若い人たちはまず集まりません。ですから、わが社では「運搬・配達」で募集して、様子を見ながらガラス工に仕立て上げていきます。近頃は、ペアガラスの注文が増えてガラスの重量も上がっているから若い戦力は貴重です。それにガラスを運ぶというのは——特に大判のガラスは、それだけで職人技と呼べるくらい難しい作業ですから、運搬も立派な仕事なんです。たいていはガラスを立てた状態で二人で運びますが、もしバランスを崩して左右どちらかに倒れそうになっても、絶対に踏ん張ってはいけません。一度倒れかけたガラスは人力では立て直せないので、同時にガラスを離してサッと逃げるしかない。飛び散ったガラスでケガをすることはありますが、ガラスの下敷きになるよりはマシです。そんな失敗を何度も経験させながら、今は身体で仕事を覚えさせているところです。

Hip

塗装工《とそうこう》

「遊びながら」がちょうどいい

ロバート・マティネス

塗装工が取り扱う分野は幅広い。建物の外装や内装はもちろんのこと、プラントの貯蔵タンクや鉄橋の橋桁《はしげた》など、構造物と呼ばれるものには、何かしらの塗装が不可欠である。ロバートさんは、日本と米国、両国の塗装事情を知るハーフ。それだけに、仕事のやり方も日本の職人とは少々発想が違うようである。

――ロバートさんと日本の関わりについて教えていただけますか?

生まれは日本なんです。オヤジがプエルトリコ系の米国人で、母親が北海道出身の日本人。小さい頃から、米軍にいたオヤジの都合で、日本と米国を行ったり来たりの生活でした。五歳から十六歳までは日本にいましたが、二二歳のときに日本で知り合った女性と米国で結婚して、二人だけ日本へ戻ってきたんです。

――日本に戻ってから塗装の修業を始められたのですか？

初めて塗装の仕事をしたのは、日本にいた十五歳のとき、一年間くらいのアルバイトでした。その後、米国でも学校に通いながら塗装のアルバイトはずっと続けていました。ただ、日本に戻ってきた時点では、特に何のアテもなかった。だけど、生活のためにお金は稼がなきゃならない。それに、僕の場合はマイノリティ、日本人じゃないという事情もあった。そうなると、ある程度ノウハウのある仕事、塗装で食べていくしかなかったというのが正直なところです。

――本格的に塗装業を始められてからは、どのような塗装を手掛けられていたのでしょう？

三四歳で独立したのですが、それまでの十二年間は、あらゆる塗装をやりました。住宅関係はもちろん、プラントの設備配管や貯蔵タンクなども塗りました。一番覚えているのは箱根の登山鉄道かな。あそこには橋桁が七つあるのですが、それを下から全部塗っていったんです。一番高いところで七〇メートルくらいはあったかなぁ。お正月に箱根駅伝を見ていると、必ずその緑色の橋桁が映ります。そのたびに、ああ、あれは自分が塗った……と思い出に浸りますね。

――修業中、親方に教わったことで一番覚えていることって何ですか？

その会社では僕が一番若かったので、「とにかく兄貴分より先に動いて、次に何をやればいいか、どんどん考えていけ」と言われ続けました。どうやったら効率よく仕事ができるか、ですね。

効率のよさって、結局は現場の段取りで決まるんです。下《した》っ端《ぱ》の仕事は特にそう。だから、入って最初の六カ月くらいは毎日掃除ばかりさせられていました。その代わり、空いている時間は先輩の仕事を後ろで見ているんです。先輩の仕事を見ながら何をどういう順番でやっていくのか頭に入れていくんですね。塗装の技術自体は個人個人で少しずつコツを摑んでいけばいいわけで、その点は親方もあまり難しいことを言いませんでした。それより、「相手のことを考えて行動すること」。これが教えの中心でしたね。今はそういう余裕のある育て方をする会社は少ないかもしれないけど、うちに来た若い子は、僕もなるべく同じようなやり方で育てています。

すっごい厳しい親方でしたよ。厳しい兄貴分もたくさんいました。でも、厳しいだけじゃなく、ずいぶんかわいがられもしました。自分で言うのもナンですが、僕のなかに日本人が大切にしている礼儀作法みたいなものが入っていたのが気に入られた理由かもしれません。オヤジが特に礼儀に厳しかった人で、小さい頃から人間関係の基本をしっかり叩き込まれていたんです。それに、日本に長くいたことで、日本独特の慣習みたいなものも身についていた。両方の文化に触れられたというのは、僕の財産かもしれませんね。

――米国と日本、両方の建設現場をご存じのロバートさんから見て、両国で最も違う点はどこですか？

やはり、スケジュールが全然違いますね。米国では契約したその日から間違いなく仕事が入るので、こちらも予定どおりきっちり仕上げられますが、日本では工期があまり守られません。最終的には帳尻を合わせてきますけど、その間の細かい工期がね。

——米国で工程表どおりに現場が進むのは、厳しい契約のおかげですか？

それもあるでしょうが、まず現場管理の人がすごくしっかりしているんです。あらゆる責任がすべてその人に行きますから。日本の現場管理は……しっかりしているようで、してないですね（笑）。工期がずれそうになったらオーバータイムで間に合わせればいいやみたいな空気が、現場全体にもあるでしょ？

——そのような状況でも、ロバートさんなりに大切にされている〝仕事の流儀〟みたいなものはありますか？

いまは住宅の内装が多いので、いかにお施主さんと良好なコミュニケーションが取れるかを大切にしています。それによって最終的な仕上がりもだいぶ変わりますから。おかげで、竣工する頃には工務店さん抜きでおつき合いしたり、ホームパーティーに呼ばれたり、仕事以外が忙しくなります。

——技術より人づき合い？

そうかもしれません。お施主さんとは、趣味が合うと誘ったり誘われたりの関係になりますよね、それが後々のメンテナンス仕事や、横のつながりになって、新しい仕事につながるんです。自慢じゃないけど、僕は独立してから一度も営業したことがありません。でも、仕事は途切れずにもらっています。

ポイントは、おそらく普段どれくらい遊んでいるかでしょうね（笑）。キャンプに行ったり、F1を観戦したり、サバイバルゲームを主催したり――芸能人の方もお忍びで来るんです――いかにプライベートを充実させているかが重要になるんじゃないかなぁ。「遊びながら仕事をする」というのが僕のポリシーで、独立以来これまでずっとそれを武器にやってきました。仲間たちには、「あいつよく遊んでるなぁ」と思われているでしょうけど、その分仕事もちゃんとやっているんでね。

そのへんは、やっぱり両親の影響かなと思います。子供と一緒に遊ぶというのが僕のなかの大前提にある。日本人の多くは一に仕事、二に仕事、その次に余暇という順番になるから、なかなかファミリーでコミュニケーションを取りながら一緒に過ごすということが少ない。でも僕の場合は、まず子供と遊ぶというのが最優先。子供が小さい頃はキャンプに連れて行ったり、彼らが好きなスポーツを一緒にやったり。で、その次に自分の趣味を楽しむ。モータースポーツとかね。

――それが、めぐりめぐって仕事につながってくるわけですね。

そうです。あとは常に礼儀正しい接客態度。これさえできれば仕事は向こうからやってきますよ。そういう意味では、厳しく鍛えてくれたオヤジや親方、兄貴分たちに感謝しないといけませんね。

建具《たてぐ》吊り込《こ》み
未知のものを目の前にしたとき

田辺敏之

開き戸や引戸などの建具を建具枠に取り付けることを、「吊り込む」という。建具屋さんが製作から吊り込みまですることもあれば、田辺氏のように吊り込みを専門とする職人もいる。「最近の仕事はいまいちだなって声が聞こえてきたら即引退します」――決して妥協を許さない〝吊り込み師〟の美学。

――建具職人のなかでも、田辺さんは「吊り込み」が専門なんですよね。

そうですね。開き戸や引戸といった建具を、建設現場で吊り込んでいく（設置していく）のが主な仕事です。地方の建具屋さんだと製作も吊り込みも同じ人がやるようですが、東京のような大都市では分業しているところが多いみたいです。

――吊り込み作業の要《かなめ》は、どんなところにあるのでしょうか？
たとえば、開き戸を吊るのであれば、扉を支持する丁番《ちょうばん》という金物《かなもの》が必要になりますから、鑿《のみ》を使って柱と扉の双方に丁番の彫り込みをします。この彫り方ひとつで建具の精度が左右されます。そこで、われわれが常に神経を尖らせているのが、鑿の切れ味。私が修業を始めたとき、親方から徹底的に仕込まれたのが鑿や鉋《かんな》の研ぎ方でした。鑿は七〜八本、鉋は三丁くらい、これを毎朝一時間くらいかけて丁寧に研いでいきます。「切れない刃物は仕事を遅くする」。これが親方の口癖で、たしかに切れ味が悪いと彫り跡が汚くなりますし、汚くなればきれいに直すために余計な時間もかかります。

——吊り込み職人として、これまで何か転機になるような経験はありました？

うーん、思い出すのはいつも悪いことばかりですけど（笑）、一番大きかったのは、ある銀行の本店ビルのエントランスに木製ドアを取り付けたときの失敗ですね。独立して五年目くらい、二八歳のときでした。一二〇万円くらいする立派なドアだったのですが、いつものようにドアに鍵穴を彫って専用の金物を付けようとしたら、その金物が見当たらないんです。おかしいなと思って説明書を読んだら、そのドアの鍵は電子錠で、室内側のサムターン（錠の開け閉めを行う金具）しか金物が必要ないタイプだった。室内側だけなので、金物は当然一つしかありません。なのに、室外側にも鍵穴を彫ってしまっていたんです。

——電子錠が出始めの頃の失敗ですね。

そうそう、それまで電子錠なんて付けたことなかったから、いつもどおりに仕事をしていたんです。全身から血の気が引いていくのが分かりましたよ。〈一二〇万円の建具なんて弁償できねえよぉ〉とか、〈次から仕事こなくなるなぁ〉とか、頭の中でぐるぐる回り始めて、もう何も手に付かない状態。それでも、彫り出した木屑を穴に詰めたら元通りになるんじゃないかと思って、そっと穴に戻してみたりして……。

——分かります、その気持ち。で、どうなりました？

間違えてあけた穴にダミーの金物を入れることで許してもらいました。その日以来、惰性で仕事をすることはなくなりましたね。

——〝いい経験〟になさったわけですね。ところで、吊り込みの良し悪しですが、これは扉のスムーズな開閉が判断基準ですか？

たしかにそれもありますが、建具というのは最終的には使う人、お施主さんが使いやすいように吊り込んであればいいわけですから、何がよいかは一概には言えません。同じ開き戸でも、ラッチ（施錠時にドア側から突出するかんぬきの部分）がしっかりかかるのが好きな人もいれば、軽く開け閉めできるのが好きな人もいます。そのあたりの調整は各職人に委ねられているわけで、たとえコンマ以下の微調整がうまくいったとしても、別の職人から見ればその吊り込みは俺の好みじゃないということも十分あり得ます。

——職人それぞれに吊り込みの流儀がある？

そういうことです。ただ、職人のなかには、「建具の吊り込みは最初からきっちりやらなくてもいいんだ」と、端《はな》から試合を放棄している人もいます。ほら、木材って時間が経つと反ってくるでしょ？　特に最近は天井まである大きな木製建具が流行っていますから、竣工後ひと夏を過ぎただけで建て付けが悪くなることも多いんです。それを理由に、どうせ反るんだから最初の吊り込みは適当でも……という考え方ですね。でも、そこは違うと私は言いたい。どうせ反るから適当でいいというのは、私には単なる手抜きとしか思えません。たしかに、木がどう反るかは予測不能です。それでも、その時点、その時点でベストの吊り込みはしっかりやっておくべきでしょう。

――いかにも職人さんらしい考え方です。

いやいや。そうはいっても、最近は鑿や鉋を使う現場がめっきり減って、そこまでの厳しさが求められる場面は少なくなりつつあります。今は七割方がマンションの仕事ですから、電動ドライバー一つあれば誰でもできちゃうんです。

――あらかじめ工場で加工されたものを取り付けるだけということですか？

まあ、そんなところです。部材がユニット化されているから、大工さんがほかの仕事のついでに取り付けることも可能です。いわゆる職人技は必要ありません。だから、うちの若い子たちには、どこまで教えればいいのか悩むんですよ。今でも新人には鑿の使い方から教えていますけど、鑿が必要になる仕事が一年のうち何現場あるのか考えると……。

――修業のさせ方も難しくなりますね。

そうなんです。ただ、たとえ簡単な仕事だとしても、一つひとつきっちり美しく仕上げていこうとは常々言っています。マンションで吊る建具は、丁寧にやれば一日十五本程度、速くやれば二〇本は吊れます。当たり前ですが、多ければ多いほど儲かる。でも、そうやって目先の手間（賃金）だけを考えていると仕事は必ず荒れてくるでしょう。いくら速くやったって建物にスピードの跡は残りません。残るのは良くも悪くも仕事の跡だけ、でしょ？

もし、そういう考え方の職人ばかりが集まって家をつくったら、そこに住む人は絶対幸せになれると思いますね。下手に風水なんか考えてつくるより、職人が良い仕事の跡を残している家のほうが、よっぽど幸福な家になるんじゃないかなぁ（笑）。

——では、画一的で作業も単調なマンションより、建築家が設計するような、いわゆるデザイン住宅のほうが仕事としては楽しいですか？

そりゃ、楽しいですよ。設計の先生ってむちゃなことばっかり考えるじゃないですか。おいおいやめてくれよってアイデアを平気で出しますからね。でも、燃えるのはそういう仕事です。もともと、私の親方は弟子に何でもやらせた人で、見たこともない特殊な金物でも、「どう納めたらいいか自分で考えてやれ」というタイプの人でした。そういう環境で鍛えられてきたから、初めて見る金物でも苦にならないし、逆にそれがなければこの仕事、面白くありません。結局、未知のものを前にしたとき、どのように対応するかが現場で求められる能力なんじゃないですか。で、うまくいけば設計の先生から、「あの職人にまた来てほしい」と言われる。そりゃもう、お金はいりませんっていうくらいうれしい瞬間です。

カーペット張《は》り
膝《ひざ》が命

樋口仁朗

室内の床仕上げの一つ、カーペット。かつて、室内にカーペットを敷いている家庭は当たり前のようにあったが、現在はフローリング材の人気でその存在は徐々に薄れつつある。それでも、ホテルの客室や大広間は相変わらずカーペットの独壇場だ。普段何気なく踏んでいるカーペットも、その裏話を聞けば気になって仕方がなくなる!?

――なぜカーペット張りの職人に?

もう四〇年以上も前になりますが、地元・群馬県の高校を卒業して、都内の専門学校にインテリアデザイナー志望で入学したんです。アルバイト先もインテリアの施工業者でした。バイト先にはいろいろな職種の方が出入りしていまして、カーペット職人の親方も、そのなかにいらっしゃいました。

私たちアルバイトはカーテンを吊るす作業などを

するわけですが、ときにはその横で、カーペットの職人さんたちが一斉にカーペットを張り始めるわけです。すると、つい横目でチラチラと見ずにはいられない。なんだか面白そうに仕事をしているんです。そのうちに、カーペット張りの手伝いもさせてもらうようになったのですが、直接自分の手で張ってみたら、「やっぱりこれは面白い!」と、すっかりカーペットの虜《とりこ》になってしまいました。それから学校を辞め、親方に正式に弟子入りするまで、それほど時間はかからなかったように思います。

——進路を変更してまで取り憑かれたカーペットの魅力って、どんなところにあったのでしょうか?

当時はカーペット張りの仕事がたくさんあったので、単純に〈儲かりそうだな〉と思ったのが一つ。もう一つは、カーペットを膝で蹴りながら張っていく、一連の動作がなんとも楽しかったんです。

——膝で蹴るんですか?

カーペットは、一にも二にもピンッと張ってあるのが命ですから、現場では端から端までパンパンになるまで伸ばしながら張っていきます。そのとき使うのが、ニーキッカーと呼ばれる道具です。読んで字のごとく、膝で蹴って使います。カーペットの上に固定したニーキッカー目掛けて膝を蹴り下ろしていくとカーペットが伸びるんです。その工程が実に楽しいんですね。キックボクシングが流行っていた時代でもありますし(笑)。

——膝を使うとは知りませんでした。

膝で蹴り込むわけですから、膝が命の商売です。ニーパットというサポーターがあるんですが、汗をかくので私は何も付けないで蹴ることがほとんどです。慣れれば一日中蹴り続けても大丈夫。でも、経験の少ない若い子にやらせると、膝が見る見るうちに腫《は》れ上がって紫色になりますよ。

——いまでも蹴っていく作業は楽しいですか？

それが……いまだに楽しいんです（笑）。大きいカーペットになると七〜八人で並んで一斉にバンバン蹴ったりしてね。

——そもそもカーペットって、どれくらい伸びるものなのですか？

一〇〇メートルのカーペットだと一メートルくらいは余裕で伸びます。

——一メートルも！

ホテルの宴会場クラスだと、三・六×三〇メートルくらいの長いカーペットを何枚かつなぎ合わせて張るのが一般的ですが、このとき何枚かのカーペットがそれぞれ違う織り機で織られていると、現場に搬入された段階で織り機ごとにカーペットの長さが相当違うんです。三〇メートル物だと、物によっては二〇〜三〇センチ違います。ですから、一番伸びていて長いものはそこそこピンと張ります、縮んでいて短いものはひたすら伸ばして張っていきます。そうして初めて、隣どうしで絵柄《えがら》がぴたっとつながるんです。

——機械ごとに製品誤差があるのは分かりますが、そんなに長さが違うとはちょっと驚きです。

結局、何度も何度も蹴り込んで、その製品誤差を吸収していくのが、われわれの仕事の重要なポイントなんです。その作業が珍しいんでしょうね、ホテルの改修工事でカーペットを敷き直していると、たいてい若いホテルマンたちがぞろぞろ集まってきますよ。〈何でそんなに伸びるの〉って不思議そうな顔して。

——普段から、ほかのカーペット職人の仕事が気になることもありますか？

そりゃまあ……結婚式の披露宴会場なんかに入ると、ついつい下ばっかり見ちゃいますよね。柄合わせのジョイントはどうなっているかな、なんて。

——私も今度確認してみます。

余談ですけど、披露宴会場のカーペットってホテルチェーンごとにこだわりがあって、柄が派手なところとそうでないところがあるんです。柄が派手な宴会場は、張り終わった直後は本当に素晴らしいです。壮大な絵画をパーッと描いたみたいで、ものすごく気持ちいい。でも、花嫁さんの衣装は全然栄えません。特に着物が栄えませんね。カーペットに全部もっていかれちゃうんです。逆に衣装が栄えるよう、あえて地味にしているホテルもあります。そういうホテルは何年かして張り替えの時期がきても、まったく同じ地味な柄しか指定してきません。それはそれでいいんですけど、こっちはあまり面白くないですね（笑）。

——柄は複雑なほうがやりがいがありますか？

一概にそうとも言えないのが、複雑なところです。デザイナーによっていろいろな柄がありますけど、たとえばヒョウ柄みたいなものは、縦・横・斜めの柄が全部違っているから一見複雑そうに見えますが、実はそんなに難しくない。だって、多少ずれていても分かりづらいでしょ？　そういう柄は助かります。逆に、マンションの一室みたいに完全に無地のカーペットばかり張っていくのはラクですが、それはそれで拍子抜けしますね。

――多少は腕の見せどころがほしい？

そうですね。ただ、カーペットを本当にきちんと扱える職人って、都内だと今では十人程度しかいないんじゃないかと思いますよ。だから、現場で何かトラブルが起きると、必ずその十人のうちの誰かに、腕を見せる仕事が自動的に入ります。

トラブルといっても、仕事自体はたいしたことない場合も多いんです。部分的に汚れたホテルのカーペットを取り替えるのに、客室のベッドの下のカーペットを切り出してつないでみるとか、カーペット同士のつなぎ目の切れた部分を糸で縫い直すとか。でも、いまは接着工法がメインですから、カーペット同士を糸で縫える人自体が少ないんです。だから、私らのような古い人間にその手の仕事が回ってくるんですね。

そのたびに言うんです。「簡単そうに見えるかもしれないけど、こういう補修は誰にでもできる仕事じゃないんだよ。それだけの腕をもった職人に仕事をさせているんだから、絶対に単価を下げちゃヤだよ」って（笑）。元請けに釘を刺しておくのも決して忘れません。

畳張《たたみは》り

いろいろ誤解されているようで

浜崎和馬

一九七〇年の時点で全国に約四万三〇〇〇人いたとされる畳職人。四万三〇〇〇とは、現在国内で営業しているコンビニとほぼ同じ数字だ。それがいまや二万六〇〇〇人まで減少している。畳の芯材となる畳床《たたみどこ》、その表面を覆う畳表《たたみおもて》、縁に取り付ける畳縁《たたみべり》、これらを組み合わせて一枚一枚畳をつくり上げていくのが畳職人の仕事だ。材料にまつわる薀蓄《うんちく》は、聞けば聞くほど面白い。

——いまは畳屋さんにとって、非常に厳しい時代となりました。

そうですね。ここ何年かで近くにいた同業者も相次いで廃業しました。畳屋は息子が跡を継いで営業を続けていくところが多いから、跡継ぎがいなければそのまま廃業。幸いウチは息子が跡を継いでくれたし、コンスタントに注文も入るので、まだまだ続けていけそうです。

――現代の住宅に和室が少なくなったのが、畳屋さんが減りつづける主な要因でしょうか？

もちろん、それが大きいでしょう。それと、最近は不況の影響からか、人が移動しなくなったことも響いています。昔は転勤や進学で引越しの増える二月〜三月が一年のピークで、毎日のように不動産屋さんから畳替えの注文が入っていました。一番忙しいときなど、夜中の二時過ぎまで働かないと注文をさばき切れないくらい。それがすっかり減ってしまって……。

――浜崎さんのお客さんは、ほとんどが不動産会社ですか？

八〜九割は不動産屋さんと内装屋さんです。三〇年くらい前までは、逆にほとんどが個人のお宅でした。それもリアカーを引っ張っていける範囲の、ごくごく近所のお客さんばかり。父が経営していた時代は、歩いて行ける範囲から外に住んでいるお客さんから注文が入ると、平気で断ってましたね。

――お客さんは、みなさん顔なじみで？

もちろん。畳屋というのは信用で入る商売ですから。

――「信用で入る」とは？

私たちは、今まさに人が住んでいる家に上がり込んで仕事をするわけです。どこの誰だか分からない畳屋を入れると、こっそりタンスの引出しをあけて預金通帳を盗まれやしないかと、お客さんは気が気でない（笑）。だから、昔から付き合いのある、信用のある畳屋を呼ぶわけです。その息子が跡を継げば息子を呼ぶ。畳屋は昔からそうやって仕事をしてきました。初めての家を訪ねて、「畳替えはどうですか？」なんて営業しても、「おたく誰？」って言われるのがオチですよ。

――いまは畳を替えるという発想自体、ない人が増えているかもしれません。

それだけじゃないですよ。いまだに畳にはカビが生えるしダニも湧く――そういうネガティブなイメージをもっている人が多いみたいです。

――でもそれは、畳の問題というより、現代の住宅のつくり方の問題ですよね。

気密性が高くて通気性の悪い住宅だったら、どんなによい畳を入れてもカビは生えるでしょう。

――そう考えると、現代の畳床《たたみどこ》としてスタイロフォームが主流になっているのは、当然といえば当然かもしれませんね。

うちも本床《ほんどこ》（稲藁《いなわら》を使用する昔ながらの畳床）を使った畳は、今はほとんどつくらなくなりました。昔は「藁一代《わらいちだい》」という言葉があって、畳床に使用する藁は、新築のときに新しいものを入れると一生それを使い続けられるとされていたものです。でも、そんな言葉もいまやすっかり死語になってしまいました。

――畳床がスタイロフォームに変わったように、畳《たたみ》表《おもて》も変わりましたよね。藺草《いぐさ》だけでなく、ビニールや和紙などバリエーションが増えました。天然の藺草でも、最近は中国産が多いとか？

たしかに今は中国産の藺草を使っているところが多いですね。ある問屋さんでは、扱っている畳表の八割が中国産でした。値段が国産の半分くらいなので私も一度試してみたのですが、残念ながらそれっきり使っていません。

——中国産はダメですか？

ダメというより、国産のものに比べると色が悪いうえに、一本一本が太すぎます。それを使って畳表をつくるものだから、厚さは国産の十倍くらい。カチンカチンの畳になって、触れたときの感触が全然よくありません。

——藺草が太いと、よい畳はできませんか？

いいえ、藺草が太いのはよいことなんです。単純に言えば、「藺草が太い畳はよい畳」です。ただ、中国産は太すぎる。藺草は生長すると一・五〜二メートルくらいになりますが、真ん中の太いところはグレードの高い藺草として、根元の黄色いところや先端の細いところはグレードの低い藺草として取引されます。賃貸アパート用の畳をよーく見てみてください。おそらく細い藺草を使っているはずです。

——わが家の藺草は細そうです（笑）。

それに、よい畳表は藺草をぎゅっと詰めてつくります。もともと太い藺草を詰めるものだから、畳の目が盛り上がって一つひとつの「目の山」が高くなる。機械縫いではなく手縫いになると、さらに目を詰めますから、山はもっと高くなります。

——そうすることで畳独特の触感のよさが生まれるわけですね？

そのとおり。そういう意味では肌触りがよくて子供が転んでもケガをしない畳は、住宅の床材としてはベストでしょう。みんなが大好きな無垢材《むくざい》のフローリングよりよっぽどいい（笑）。ただ、先ほどのカビやダニの話のように、どうやら畳はいろいろと誤解されているようで……それが残念です。

——ところで、藺草もワインみたいに収穫年によって出来・不出来があったりするものでしょうか？

藺草の出来は毎年違います。いいものは青味が強くて黄色い部分が少ない。それに肉厚です。私たちは、「今年は肉があるね」なんて言い方をします。藺草の出来がいい年は畳表の単価も安くなるから、基本的にはいいことばかりですね。

——最近は琉球畳がブームのようですが。

琉球表《おもて》は、藺草とはまったくモノが違います。最近また注文が増えていますが、お客さんのなかには「縁《へり》なし畳」のことを「琉球畳」と思っている人がけっこういらっしゃいます。そういうお客さんがイメージしている縁なし畳は、正確には「目積畳《めせきだたみ》」といって、琉球畳とはまったくの別物です。

実は、琉球表の歴史はけっこう古くて、時代劇などに出てくる長屋がありますよね？　ああいうところの畳はたいてい琉球畳でした。昔からある畳表の一種ですが、肌触りがよくないので次第に需要が減ったんです。私の若い頃は柔道畳なんて呼ばれて、住宅の床に敷くなんてことはまずありませんでした。ただ、いまの琉球表は流通している数が少ないから、どうしても単価が高くなりがちです。単価が高いと、なんとなく良いものかと思いますよね？　だから琉球畳を良いものだと誤解している人がいる。でも、私に言わせればそれは単なる錯覚ですからね。

突《つ》き板《いた》屋《や》
もっとゆるくなれば

山内英孝

美しい木目《もくめ》をもつ木材を薄くスライスしたものを突き板という。これを表面に貼った合板《ごうはん》は突き板合板、あるいは天然木化粧合板と呼ばれ、建築の内装材として多用される。山内氏は、顧客の注文に応じて最適な突き板をアレンジし、製品化するプロフェッショナル。「今の一番人気はハワイアンコアです」――市場が冷え込むなか、突き板の魅力を伝え続けている。

――最近の景気はいかがですか?

突き板のマーケットは非常によくない状態が続いていますね。突き板関係の会社は、このところ減る一方で、特にメーカーの数が激減しています。

――メーカーが減るというのは?

日本の突き板市場は、世界一厳しいグレードが要求されるマーケットです。ちょっとした節《ふし》や傷があっても不良品としてハネられてしまう。建築不況で突き板の需要は減っているのに、市場が求めるグレードは相変わらず高いままですから、メーカーとしては商売がやりづらいのでしょう。

――日本人は異常なくらい品質にこだわりますからね。

ですから変な話ですけど、最近の突き板は常に塩《えん》ビシートと比較されるんです。われわれのところに塩ビシートをもってきて、「この塩ビの木目に合わせた突き板をお願いします」と注文されることが珍しくありません。

――天然の木を人工の塩ビに合わせろと？

そうです。いつの間にか、突き板より塩ビのほうが地位が上になってしまいました。天然物をなるべく工業製品化していきたいという発想、その行き着いた先がこのありさまです。

十年くらい前ですが、あるマンションの洗面台につける扉を、突き板合板で製作しようという話が持ち上がりました。打ち合わせを進めていたら、土壇場になって突き板から塩ビに変更された。理由を聞いたら、「突き板は、もし現場で誤って傷が付いたら替えが利かない、だったら最初から交換可能な塩ビにしておいたほうが安心じゃないか」という理屈らしいのです。たしかに突き板の場合、誰が管理して誰が責任を取るんだというところまで攻められると、誰も手を挙げられないのは事実なのですが……。

――どういうものをつくりたいかというより、管理・流通のしやすさのほうが優先されるわけですね。

特に施工する側の論理としてね。ただ、施主様に関しては、ここ一～二年でモノの見方がずいぶん変わってきたなという印象があります。うちの倉庫には、建築家やインテリアデザイナーさんに連れられて、自分の目で突き板を見に来られる方がいらっしゃいますが、彼らはいい意味でのこだわりを持ちながら、同時に柔軟性も併せ持っています。ちょっと節があったり目が曲がったりしている突き板でも、「このほうが個性的でいいじゃない」と喜んで買われていきます。

——「個性的」なうえに値段も安くできますよね。

もちろん。皆さんいい買い物をされています。当たり前ですが、何に価値を求めるかは人それぞれで、みんながみんな判で押したようなきれいな木目を求めているわけではないのです。日本ではゴミ扱いされるような突き板が海外では超レア物として珍重されるケースもけっこうありますし。

——たとえば？

有名なものだと、「スポルテッド」はその一つでしょう。立木の表面に付いた傷から内部に腐食菌《ふしょくきん》が走って独特の模様をつくりだしたもので、日本だと「気持ち悪い」と敬遠されてほとんど売れませんが、海外では逆に高値で取引されています。

突き板の流行というのはだいたい三〜四年周期で、必ず仕掛け人がいるんです。仕掛け人というより、欧米のデザイナーの作品に影響される面が大きいでしょうか。彼らが黒系の突き板を頻繁に使えば黒系がくるし、白系を使えば白系がくる。

——日本と海外では、そもそも突き板に対する考え方自体が違うのでしょうか？

まるで違いますね。日本の突き板屋というのは、よくも悪くも汗と埃にまみれた職人というイメージですが、海外の突き板屋は木目を自在に操るアーティストとして認知されています。しかも皆さんインテリ。欧州を股にかけて商売するには最低五カ国語は話せないといけませんし、教養の幅もわれわれとは比べ物にならないくらい広い。

——一流ビジネスパーソン。

そうです。そして、彼らは日本人を大変尊敬しています。何年か前にドイツ人の突き板屋にこう言われました。「世界中で木材をきちんと扱えるのは、われわれドイツ人と日本人だけだ。一四〇〇年以上も前から建ち続けている木造建築をもつ国民は素晴らしい」と。

——その一方で、突き板より塩ビがお好きな国民でもある。

結局、ハウスメーカーやデベロッパーの人たちは、一〇〇人が一〇〇人とも満足するようなものを供給しようとするから無理が生じるんです。

そもそも突き板なんて、半分は不良品を売っているようなものです。同じものは二つとないし、ロットによって目も違うから、良品と不良品の線引きはプロでも難しい。以前、突き板の歩留《ぶど》まりを計算してみたら、なんと三五%前後しかありませんでした。残りの六五%は流通されずに焼却処分されているんです。樹齢二〇〇年以上の丸太の七割近くが、使われることなく処分されるという現実は、ちょっと問題ですよね。

——それはなんとかしないと。

一番いいのは、もっとみんながゆるーくなることです。ヴィンテージ物のジーンズのように経年変化を楽しむ感覚で突き板とつき合う人が増えていけば、市場も変わっていくだろうと思います。あとはそうした面白がり方を、われわれや建築関係者がきちんと伝えられるかどうか。それさえできれば日本の木の文化はもっと豊かになるのではないでしょうか。ゆるーくなればいいんですよ、ゆるーく。

――うまく市場を変えられそうですか？

うーん、それはなんとも言えませんが、一つ気がかりなのは、木材の加工機械が国内から急速に姿を消していることです。採算の合わないメーカーが撤退していくのは時代の流れだから仕方ない面もありますが、本当にそれでいいのか――ですよね。

いま、木材製品の多くは中国からの輸入に頼っているでしょう？　その中国が近い将来日本を相手にしなくなる、あるいはコストメリットがなくなってやはり日本国内で生産したほうがよいと分かった、そういう状況になったとしても、そのときすでに国内に生産機械は残っていませんから、スムーズな再開は不可能だと思います。「明治維新の頃からやり直さないといけない」。仲間内では冗談半分にそう言っています。だから最低限のバランス――木材製品の二～三割は国内生産を死守しておくとか。こういったことをやっておかないと、いずれ非常に危険な状態に陥るでしょうね。

いい職人さえいれば何とかなるというのは大間違いです。現場に必要な材料、必要な機械がなければ、いざというとき誰も仕事ができないんですから。

什器製作《じゅうきせいさく》

自分の仕事を説明していく能力

藤倉英雄

主に、店舗などの商用のラックやショーケース、テーブルなどを製作するのが什器製作者の仕事である。木材だけなく、金属やプラスチックなど、さまざまな素材の性質を熟知したうえで、最適な加工が求められる。不況が続く建設業界にあって、現在も注文が絶えない職人の一人である藤倉氏。そこには単なる請負仕事を超えた、什器製作に対する攻めの姿勢があった。

——藤倉さんのお仕事を簡単にご紹介いただけますか?

基本的には店舗の什器製作、住宅の家具工事や木工事がメインです。ただここ数年は、ローマ法王庁大使館のチャペルの家具工事を請け負ったり、ジャンボ旅客機内部の階段のモックアップをつくったり、いろいろやっています。先日はある美術展の企画で、古い寺院の一室を再現するという仕事もやらせていただきました。

——非常に多彩ですが、お仕事の幅の広さは昔から？

いえいえ、若い頃はまったく……。私がこの仕事を始めたのは、高校を卒業してサラリーマンを一年やったあと、内装屋に転職してからでした。でも、当時の経済状況はバブル崩壊後並み。一カ月に五日しか仕事のない時期も珍しくありませんでした。仕方なく別の内装屋に働き口を探しましたが、当時はどこも似たり寄ったりの状態で、駆け出しの職人が下駄を預けられるような修業先は、なかなか見つからないのが現実でした。

——やる気はあるが仕事がない時代。

あったとしても、あまり技術を要さない仕事ばかりでしたね。本当はもっと高いレベルで勝負をしたいのに、国内市場の低迷でその手の仕事にはたどり着けなかったんです。そうこうしているうちに、二五歳になり、結婚し、子供も生まれ、これじゃまずいということで、エイヤッで独立しちゃったんです。

——いかにも失敗しそうな独立のパターンですが（笑）、そのようなかたちでもお仕事の依頼はあったのでしょうか？

それが、おかげさまで仕事には困らなかったんです。「あいつは一生懸命やっているから」と熱意だけを買われて。けれど、満足に修業できなかったせいで、こちらには注文どおりのクオリティで仕上げるノウハウがありませんでした。おまけに、経営的な金銭感覚もまるでなし。あるとき都内の呑み屋さんの木工事を一式請け負ったのですが、そのとき、こちらが提出した見積りが一〇〇〇万円、実際にかかった工事費が一五〇〇万円、もらったお金が七〇〇万円ということがありまして……。

——大赤字じゃないですか！

正直、消費者金融からお金を借りた時期もありました。それでも、幸い相談相手になる仲間に恵まれていたので、お金のやり取りや仕事の進め方、専門的な技術など、足りない部分はそのつど教えてもらい、請けた仕事は片っ端からこなしていきました。できるかできないか分からないけど、来た仕事は全部請けてやろうって、勢いだけは人一倍あったように思います。

——「できるかできないか分からないけど請けてみる」というのは、ある種の才能ですよね。

おそらく私って、何事に対してもチャレンジ精神が旺盛なんですよ。常識的に考えれば無茶な話も、だったら非常識にやればいいじゃないか、と考えてしまう。ちょうど今も、ある会社の会議室用に長さ四メートルのテーブルをつくっているのですが、そのテーブルの脚は四隅《よすみ》にしかありません。普通、四メートルくらいの長さになると中間にも脚を付けておかないと天板《てんばん》を支え切れません。でも、そのテーブルはＨ形鋼《エイチかたこう》を使ったり、脚の角度を工夫したりして、なんとか発注者のイメージに近づけられるよう、あれこれ考えながら製作しているところです。

——一般に、職人さんというのは、新しいことにチャレンジする人より、固定観念に凝り固まる人のほうが多いですか？

というか、やっぱり怖いんですよ。自己流で作業して失敗したら、すべて自分の責任になるでしょ？　だったら発注側に図面をきっちりそろえてもらって、そのとおりにつくったほうが、リスクという意味では少ないわけです。

ただ、このところずっと不景気が続くなか、なぜかわが社は常に忙しい。なぜ忙しいのだろうと考えてみると、もしかしたら私の旺盛なチャレンジ精神、なんとかして発注者のイメージを形にしようとする粘り、そういうところに要因があるのかなと今は思っています。変な話ですが、近頃は図面も何もなくて、言葉だけという発注も増えているんです。「こんな感じのキャビネットを一つよろしく」みたいな、具体的な形状はこちらにお任せというやり方ですね。

――そうした注文は、藤倉さんの腕に対する期待と、「失敗しても責任は取る」という覚悟が前提にあるからできるのでしょうね。

そうかもしれません。たしかに、うちの従業員も、自分で考え、責任を取る覚悟ができている子たちは成長が早いですね。彼らには、「失敗してもいいから考えて手を動かしなさい。何も考えずに失敗したものはダメだよ」と常々言っています。けれど、そういうやり方で指導していくと、ときには職人側の発想が入りすぎて、完成した品物が図面と若干違うものになることがあるんです。そんなときは発注者にすぐ電話です。「すいませんが、このままでもいいですか？」って（笑）。でも、それって決して悪いことではない。当初の想像以上に素晴らしいものができる時って、職人が図面にないエッセンスを加える、そんな時だったりしますので。

――いい師匠ですね。

だけど、いまは気軽に失敗させられる仕事が少ないので、若い人材を育てるのもラクではありません。私が若い頃は、いわゆる「駄物《だもの》」をつくりながら職人としての経験を積んでいったわけですが、現在その手の仕事はすべて中国に取られてしまいました。

安い中国製を買うことが必ずしも悪いとは思いませんが、われわれ職人がつくるものは、小さな家具一つであっても、しっかりとした手間と時間がかけられています。ですから、将来的にはクライアントのみなさんに対して、「この製品のどこにどれくらいの手間がかかっているか、それが最終的にいくらの値段になっているか」――そういうことも知っていただいて、安ければ何でもいいんだという安易な考え方を、少しずつでも変えていただければなと期待しているところです。

――そのためには製品を提供する側も、分かりやすくアナウンスすることが必要になりますね。

だから、これからの職人に必要なのは、自分の仕事を説明していく能力なんです。完成した製品にプラスして、「自分はこういうふうに考えて仕事をしているんだ」と説明していく能力ですね。ソムリエがワイン一本一本について蘊蓄《うんちく》を語るみたいに、職人が自分の物語を積極的に語っていく。われわれにはその責任があると思っています。ものづくりの文化に、物語を語る文化がプラスされたら、本当にいいものを提供する・される、理想的な環境が整うような気がするんですよね。

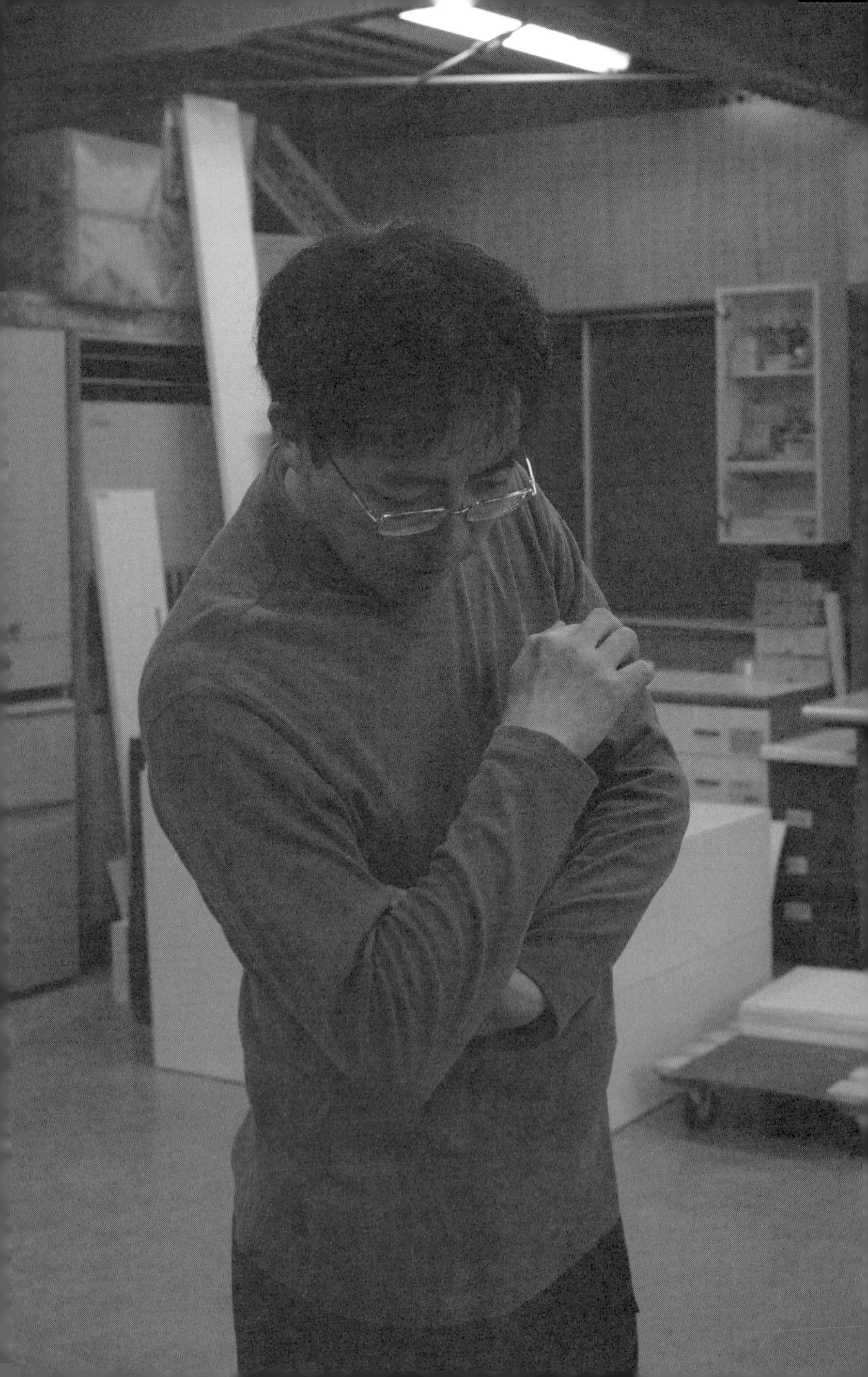

家具造作《かぐぞうさく》
すべての人に受け入れてもらう

髙橋正宏

生活に必要な家具は、家具屋さんで売っているものを買う場合（置き家具）と、建築時にその家に合わせてつくる場合があり、後者の家具を造作《ぞうさく》家具という。なかでもキッチンの造作を専門に請け負っているのが髙橋氏の会社だ。現場での作業をスムーズに進めるためには、独特の〝処世術〟が必要になるようだ。

――髙橋さんは、建築家や住まい手からオーダーされたキッチンを現場に造り付けるのがご専門だそうですが、かなり内容が絞り込まれたお仕事ですよね。

ええ、一応、家具全般の製作を守備範囲としていますが、自社の強みをはっきり打ち出すために、現在は造り付けのキッチンだけに特化しています。建築家の先生からいただいた図面やスケッチをもとに、具体的な仕様を決め、必要なパーツを発注し、現場でアッセンブルしていく。これが主な仕事です。ご存じのとおり、キッチンはパーツの種類も数も豊富ですから、キャビネットなら家具工場、カウンターならカウンターの加工工場といった具合に、少なくとも五～六社、多いときだと十社くらいに、それぞれの加工をお願いしていかないといけません。

――それを現場に集めて組み合わせるのが、髙橋さんのお仕事ですか？

私は手配が担当なので、実際に備え付けるのは別の職人になります。ただ、キッチン廻りはとかく現場での変更が多い個所ですから、寸法は常に私が押さえておかなければなりません。キッチン自体は図面どおりに組み上がっても、現場の間仕切壁《まじきりかべ》や開口《かいこう》部《ぶ》の位置が変更されてしまえば、キッチンにも当然影響が及んできます。ぎりぎりまで続く建築側の変更に、いかにうまく対応していくか、そこが、われわれの腕の見せどころかもしれません。

――たしかに、キッチン廻りは変更が多い個所です。それだけに、これまで大きな失敗もあったのではないですか？

ありましたね、ワークトップにつけるシンクの位置を間違えたとか。「髙橋さん、このシンク、側板《がわいた》の上に乗っかっちゃって納まんないよ」って、職人さんは面白がってましたけど、こっちは顔面蒼白です。あるときなど、完成したキャビネットを現場に搬入しようとしたら、玄関の間口より大きくて中に入らなかったことがありました。しかもお客様の目の前で（笑）。「このところ雨の日が続いたから、湿気で膨らんじゃったかなぁ？」なんて、いまだった冗談の一つも言えますが——それだってあんまり格好いいことではないですけど——駆け出しの頃はそんな余裕は全然なかったですね。

——髙橋さんのお仕事って、いつ変更されるか分からない寸法を、常に追いかけているような状態ですよね。

そうなんです。だから、寸法の変更には人一倍敏感になっているのですが……それでも失敗するときというのは、たいていイレギュラーな何かが起こったときです。図面の最終チェックをしているときに電話がかかってきて、まだチェックし終えていないのに、したつもりになってしまったとか。

——そうした失敗をしながら摑んだ、仕事がうまく運ぶためのコツがあれば教えてください。

この仕事は、現場での寸法の実測が第一です。それは変わりません。ただ、それだけではうまくいかないのも事実。実測プラス〝現場への臨み方〟が重要になってきます。現場での立ち振る舞いとでもいいましょうか、大工さんたちとのコミュニケーション能力です。

キッチンもそうですが、家具の工事自体、建築の現場ではそもそもオプション的な業種です。現場の大工さんの目には、われわれはある種の〝邪魔者〟として映っているんです。家具工事が入るせいで、大工さんは自分の仕事が中断されたり、面倒な取り合いが発生したりします。それを露骨に嫌がる大工さんもなかにはいて——という前提に立っているので、私は現場に入っても極力自分の道具は広げません。「すいません、おじゃまします」という心構えですね。
　そうすると、大工さんもこちらに気を遣って作業を進めやすくしてくれます。ひいては建築とキッチンとの取り合いもうまくいく。結局、自分はどんなにいい仕事をしようと思っていても、現場にいる関係者すべてに受け入れてもらえなければ、思いどおりの仕事はできないんです。お施主さん、現場監督さん、大工さん、そのほかの職人さん、すべての人に気にいっていただけないと、いい仕事は不可能です。

——周りの協力があってこそ、なんですね。ところで、オーダーメイドのキッチンって、時代とともに流行のようなものがありますか?

　うーん、あまり変わらないなというのが正直なところです。メーカーのほうでは次々と意欲的な新製品を発表していますが、完全なオーダーになると意外と保守的ですね。大きな流れとしては、すっきりとデザインされたキッチンを住宅の中心となる場所にプランニングするというのが、最近の傾向でしょうか。キャビネットの面はなるべくフラットに見せる人がほとんどで、扉や引出し《ひきだ》に取手《とって》を付けるデザインは少なくなりました。逆に大きな取手をドンと付ける人もいますが、それでも全体はシンプル系でまとめています。あと、われわれ製作者側の変化としては、家具用の金物《かなもの》の機能が向上したおかげで、大型の引出しがつくりやすくなりました。引出しが大きいとスムーズな開閉が難しくなりますが、金物がよくなったことで、その問題で悩まなくてもよくなったんです。これは最近のトピックですね。

それより、建築家のみなさんに考えていただきたいのは、キッチンの「ゴミ問題」です。調理の過程で出てくるゴミをどうやって捨てるか、どうすればオモテから見えないように美しく捨てられるか――そこまで考えている人が意外と少ないのには驚かされます。これは永遠のテーマかもしれませんね。

雑誌に載っているキッチンの写真みたいに、現実には何もない片づいた生活ができるわけなどないと分かっているくせに、なぜかキッチンに置くゴミ箱の位置は考えない人が多い。本当にマズイなというときは、過去の事例写真を見ていただいて、こちらから提案させていただくこともよくあります。

――毎日の生活は、「見た目のよさ」だけでは成立しませんからね。そうした面も含めて、ものづくり全体の質を上げていくために大切なことって、髙橋さんは何だと思われますか？

「そのものをよく知る」ってことじゃないでしょうか。毎日当たり前のように接している目の前の仕事でも、もしかしたらまだ何かあるんじゃないだろうかと、知識や技術を深められる部分を探していくことですね。と同時に、私の場合は「（建築）全体も知る」。部分を知って全体も知る――この二つをひたすら繰り返すことで、ものづくりの質は自ずと上がっていくような気がしています。

木と伝統に魅せられて

STIHL

素《そ》材《ざい》生《せい》産《さん》
大事なのは人間の中身だからね

塩野二郎

素材生産の「素材」とは木材のこと。山に生えている立木を伐採し、枝や葉を取り除き、丸太の状態にしたものを流通のスタートラインに立たせるまでが素材生産者の仕事だ。立木の伐採から搬出の方法に至るまで、緻密な戦略なしに、山から丸太がスムーズに出ていくことはない。技術と経験の差が如実に現れる仕事といえよう。

――山に入られるようになって何年になりますか？

かれこれ三五年になるかなぁ。若い頃は父親の経営していた養鶏場で働いていたんだけど、これがなかなかうまくいかなくてね。当時は、畜産関係は全然ダメ、まだ山のほうが景気がよかった。なので、三五歳のときに自分で四トン車を持ち込んで森林組合に入れてもらったの。

最初のうちは伐採じゃなくて、山から丸太を搬出する仕事。ただ、搬出の仕事って毎日あるわけじゃないから、そういうときはこちらも伐採の仕事を手伝うんだ。そのこうするうちに伐採のほうがメインになったんだな。

――伐採の技術は、どのように習得されたのですか？

山仕事には大工のように高度な技術はあまりないんだよ。先輩の仕事を見よう見まねで覚えていくってのかなぁ。仕事の分かる人間に聞いたり、怒られたりしながら覚えていく。あとは、この仕事をやるのかやらないのか、その覚悟だけだね。一人前になるには？　まあ二～三年はかかるわね。なかには十年もやっているのに相変わらず下手な人ってのもいるけどさ。

――伐採の上手・下手は、具体的にどのあたりに現れるものですか？

そりゃ、段取り。木を切るときは山から出しやすいように切ることが何より大事なの。このとき考えなきゃなンないのは、切った木をどうやって運び出すか。順番に倒していった木が何本も重なり合っていたらその後の集材が難しくなるだろ？　だから伐採の段階で、一本一本、木が重ならないように同じ方向に向けて倒しておく。ベテランは数センチ単位で倒す方向を調整できるんだから。

――数センチ単位ですか!?

それくらいできないと、神社の横に生えている木なんて切れないよ。ちょっとでも倒す方向を間違えたら、神社ごとぶっ壊しちまうんだから。五〇万くらいの仕事で何百万も弁償しなけりゃなンないって、そりゃないよ（笑）。

ただね、伐採のとき面倒なのがツル、フジヅルね。

こいつが木の上のほうで絡まっていると、倒れるはずの木も倒れてくれない。

――ツルくらいなら木の重みですぐに切れそうですが、意外と強いんですね。

そう。だから、われわれくらいになると、ツルの力を利用して、十五本くらいをいっぺんに倒したりするからね。

――どうやるんですか？

最初に、ツルがいちばん絡まっていそうな木を見つけるだろ。次に、ツルの絡まったそれ以外の木を、一本ずつ倒れる寸前の状態まで切っていく。で、最後に残しておいた一本を切ると、そいつに引っ張られて残りの木もいっぺんにダーっと倒れていく。

――なるほどぉ。その最後に残しておく木は、誰が見ても「この木だ」と判断できるものなんですか？

そこはもうカンだわね。

――十五本が一気に倒れるさまはドミノ倒しのようですが、実際の現場はやはり危険なんでしょう？

山仕事でケガをすると死につながるからね。ツルが絡む事故でいうと、よくあるのが、倒れかけた木がツルにぶら下がって、切った人間のほうに戻ってくる事故。木の元口《もとくち》（根元のほう）で腹をドーンとやられる。それとか、途中まで切ったところで風がビューっと吹いて、木がパンッと裂けて木片が腹をグサッとやったり。こいつは裂けそうだなと思ったら、あらかじめワイヤーで締めてから切らないと危ないやね。

――恐怖心はないですか？

そりゃ怖いよ。誰だって油断すればすぐイっちまうんだから。それだけにね、さっき言ったろ、段取り。段取りだけはしっかりやらないといけない。自分の仕事は全部自分で段取りしなきゃ。自分以外の人間にロープを結ばせるなんて、絶対にしないね。万が一ってことがあるから。

——安全祈願のゲンかつぎって何かありますか？

自分はそういうことはしないけど……、たまに妙な名前がついている山があるんだよ、「死人山《しびとやま》」とか。

——イヤな名前です。

その山に入った仲間が三人も亡くなったというので、そんな名前がついたらしい。だもんで、俺がそこで仕事をしたときは、わざわざ坊さんを呼んでお祓《はら》いをしてもらったよ。普通、お祓いするのは神主なんだけど……坊さんでもいいっていうから坊さん呼んで。それから「位牌山《いはいやま》」っていうのもある。山が位牌のかたちをしているから位牌山。そこもケガをする人が多いというので、縁起が悪い山とされる。その手の話は、言われりゃやっぱり気になるよね。あと、山ン中だから、首吊りは何度も見つけてるよ。そういうのは、たいして珍しくもないよね。見つけたときは、だいたい白骨化してることが多いかな。いま時分（夏）はあんまり分かんないけど、冬場になって草木が枯れてくると、「あっ」と分かるわな。

——「あっ」ですか……。ところで、このお仕事の醍醐味って、どんなところです？

うーん、でかい山を丸ごとできるときかなぁ。そういうときは楽しいね。小さい山は切って出したらすぐ終わりだけど、でかい山なら一年も二年もやっていられるからさ。十年以上前にやった山は、丸四年かかって一万立方メートルくらいの木を出したよ。現場まで二時間半くらいかかる山だったから、その仕事をやっている間は、風呂からテレビから全部山に持ち込んでね。ほとんど山に住み込んでやったようなもんだ。

——山仕事にはその覚悟が必要なんでしょうね。

うん。あとは、なんて言うのかねぇ……非常に男らしい仕事だわね。山仕事っていうのは、もたもたしてると命スっちゃうからヨ。俺なんかこんなに痩《や》せてて華奢《きゃしゃ》だから女みたいに思われることもあるけど、ふざけちゃあいけないよ（笑）。いまだに、木なんてチャッチャと登っちゃうんだから。デカイ体してたってダメな奴はダメ。荒っぽくガツガツやったって長続きはしないんだから。

——なんとも頼もしいです。

そう？　素材生産って仕事は、伐採から搬出までやって一セットだけど、自分でパッパと考えられる人間がいれば人数は少なくたって構わないんだ。そりゃ、会社でもなんでも、使っている人間が多けりゃ世間体はいいかもしれない。でもそれだけだよ。忙しいからって、三人くらい人を増やしても、出る木はたいてい同じだもの。なのに、人件費はひと月で一〇〇万くらいすっ飛んじまう（笑）。人を増やさなくても、まともな人間がいればいいんだ。まともな人間が五人もいれば木はちゃんと出る。要するに、大事なのは中身。人間の中身だからね。

林業《りんぎょう》
誰が山を守ればいいのか？

田中惣次

森林を育て、樹木を伐採し提供する再生可能資源の代表的産業が林業である。かつて林業家といえば高所得者の代名詞でもあったが、現在は円高による輸入材の増加、国内の木材需要の減少などもあり、満足な経営が成り立たないケースも多い。田中氏は江戸期から続く林業家の十四代目。「もはや産業としては」と嘆いてはいるが……。

――このところ、農業や林業に転職先を求める若い人たちが増えているようですが、実際の現場はどのような状況でしょうか？

若い人は総じて根性がないからダメですね。先日も「緑の雇用」（林業労働者の確保・育成を推進する国の事業）の一環で森林組合が若者向けの説明会を開いていましたが、「自然のなかでストレスのない生活を」みたいな、歯の浮くようなコピーばかりで心配になりました。たしかに、応募者の数はすごかったようですが、そういうふうに人を集めるというのも……どうなんですかね。

――どういう人たちが応募してくるのでしょうか？

全体的に文化系の人が多いですね。でも、こっちが来てほしいのは体育会系の人。ロクに山にも入ったことないくせに、「私は森林ボランティアです」なんて威張っているのはたいてい文化系の人（笑）。やれ緑が大事だの、環境を守ろうだの言っている口先だけの人は、ほとんど使えません。それより、山をパワフルに引っ掻き回すくらいの力強い若者。そういう人に私たちは来てほしいんですけど。

――若い人はほとんど使えませんか……。

というより、あまりにもモノを知らなさ過ぎる。だから、めぐりめぐって、しまいには年寄りが病院通いを始めることになるんです。

――というと？

いまの林業従事者は、年齢的に中間層が少ないんです。そこに素人の若者が来ると、相手をするのは必然的に七〇歳代以上の年寄りばかりになります。素人は危なっかしいからいろいろ注意するでしょ？そうすると年寄りのほうにだんだんストレスが溜まりましてね。で、病院通い。

――林業が厳しいとはよく聞く話ですが、そもそもこうなってしまった原因は何なのでしょう？

「木材の価格が低すぎる」、これに尽きるでしょう。現在の木材価格は昭和三〇年当時とほとんど同じなんです。当時の日当が三〇〇円、今が一万五〇〇〇円程度ですから、それをもとに比較すると、いまの木材の価値は昔の五〇分の一しかない。これではどうやったって商売になりません。若い人が続かないのは、一つには給料が安すぎるのが原因なんです。どんなにがんばっても、先が見えちゃうんですよ。

——個人の力ではどうにもならない？

なりませんね。たとえば、スギの丸太が一立方メートル当たり一万円だとすると、これにあと二万円上乗せしないと生活はラクになりません。だけど、現実には、いまの価格にポンッと二万円を乗せるわけにいかない。ではどうすればいいかというと、その二万円はいわゆる外部経済効果分と評価して、国がなんらかの補助金を付けるとか……そういう政策をとっていかないと、日本の山はいまに壊滅します。

——お金に関していえば、山の場合は相続税の問題も大きく立ちはだかりますよね。

そうそう、祖父が亡くなったのは約三〇年前ですが、そのときの相続税が約二億円、延納税は一日に十数万円もかかるような状況でした。財産の算定をやり直してもらったりして、ようやく二〇〇〇万円くらい減免されましたが、やはり一部の山は手放さざるを得ませんでした。「持続可能な林業を」なんて言う人がいるけど、相続のたびに、こんなふうに山を切り売っていたら持続可能な林業なんて不可能です。そもそも、山から税金を取ること自体おかしい。「日本の緑を守れ」と叫ぶ人はいっぱいいるけど、一方でこんな税制が続いている。では、誰が山を守ればいいんですかって言いたいですよ。

——話は変わりますが、田中さんが代々守ってこられた山には、どのような樹種が多いですか？

スギ、ヒノキの針葉樹が中心です。ただ、一般の人のなかには「広葉樹の山のほうが環境にいい」みたいな誤解があってね……これもまたやっかいな話なんです。よく、「ブナの山が水を育む」と言う人がいますが、それはブナが水を育むわけではなくて、もともと水のあるところにブナが育つだけの話です。以前、世界遺産になった白神《しらかみ》山地を訪れたとき、ブナの木の横に聴診器が置いてあるのを見てあきれました。「ブナが水を吸い上げる音を聴いてください」と書いてあるのですが、そんな音、スギでも聴こえるって。そもそも、その音は水の音じゃないしね（笑）。

あと、針葉樹の人工林は崩れやすいと思っている人がいるのですが、これも誤解です。台風の被害を伝えるニュースなどで、たまたま手入れの行き届いていない人工林が崩れている様子が放映される。すると、針葉樹の人工林は崩れやすいと勘違いされてしまう。本当は、「針葉樹」だからではなく、「きちんと整備されていないから」崩れているのに……。なぜこの人工林はきちんと整備されていないのか、それは整備するための人材の手当てや経済が成り立っていないからではないのか――本来、報道する側はそういうところに目を向けるべきなのに、誰もそこまでは勉強していませんよね。

――とりわけ環境問題に関しては、そうした表層的な取り上げ方が目につくような気がします。

結局、エコだエコだと言っている人でも、本当に山のことを分かっている人なんてそんなにいないんじゃないかと思います。その点、意外ですけど（笑）、麻生総理（当時）はよくご存じでした。先日、総理とお話しする機会があったのですが、あの方、下手な専門家よりよっぽど山の事情に詳しいんです。「なんでそんなにお詳しいんですか」って聞いたら、「だって、うち、山持ちだから」って。

――麻生財閥だけに。

私もよくからかわれますよ、「おい、昔の金持ち」って（笑）。たしかに昔は、山持ちといえば金持ちの代名詞みたいなところがありましたけど、いまはねえ……。

――そうした林業関係者をめぐる社会的立場の変化には、木材を需要する建設業界側の事情も大きく影響していそうですね。

特に大壁《おおかべ》（木造住宅のつくり方の一つで、柱の外面に壁となるボードを張っていく工法。柱が見えなくなる）の家が主流になってからね。木を見せない建築、昔のリンゴ箱みたいな薄っぺらい家をたくさんつくるようになって、住宅の文化はすっかり変わりましたよ。昔は丸太の価格は年輪の詰み具合で決まっていたのに、いまじゃ丸太の太さが同じなら五〇年生《せい》でも八〇年生でも関係なくなってしまいました。

――それでも山は守っていかないと。

そうですね。整備しない山はすぐに荒れてきますから、山には常に入り続けなければなりません。そのためには、環境林の整備などでも対価が得られるような仕組みを早急に構築する必要がありそうです。都会の人たちにも、われわれの生活や森林の整備を応援してもらえるといいなと思っているんですけど。

Okikura

製材《せいざい》

いま、木がものすごくよく見えてきている

沖倉喜彦

原木の丸太から、柱や梁《はり》になる角材《かくざい》、フローリングとなる板材などを挽《ひ》き出して販売する製材業。すべての元となる丸太は、山から切り出された原木が集まる市場で買い付けられる。いかに丸太の良し悪しを見抜けるか――製材業者の優劣は、突き詰めればこの一点に集約されそうである。

――沖倉さんは製材所の二代目だそうですが、もともと跡を継ぐおつもりで？

ええ、はじめから実家の製材所を継ぐつもりでした。ただ、木を扱うからには建築のことも知っておいたほうがいいだろうと、最初は叔父のやっていた設計事務所で四年ほど設計の勉強をしたんです。残念ながら、木造の設計は全然やりませんでしたけど。

――製材業の修業はどのようなところから？

初めは木の名前を覚えることからです。当時、うちで扱っていた樹種は三〇種類以上もあって、スギとかヒノキとか、そういう名前を覚えるだけでも大変でした。樹種だけじゃなく、建築の現場で使われる木材の用途も、いまと違ってものすごく広かった。鉄筋コンクリートのマンションですら、間柱《まばしら》、窓枠、野縁《のぶち》、建具……当時はみんな木でつくっていました。そうなると、木材の樹種と用途と木取《きど》り（原木から建築用の材料を挽き出すとき、どこからどのような部材を取るかを決めること）のパターンが無数に出てくるわけです。そこから最適解を導き出していくのだから、そりゃ大変ですよね。

――当時は国産材のほうが多かったですか？

いや、七割は外材《がいざい》（輸入材）だったかな。でも、いまは逆転していて六割くらいが国産材になっていると思います。

――製材所の仕事といえば、木材市場での丸太の買い付けが重要な位置を占めそうですが、これは若いうちからでもできる仕事なのでしょうか？

それは難しいでしょう。そこに、製材屋の人生すべてがかかっているようなものですから。間違って質の悪い丸太を摑んでしまったら、それだけで大損でしょ？ 市場での買い付けというのは常に真剣勝負。競り負けたときは、本当に「まいった！」って言うこともありますからね。市場というのは、そうしたやり取りを一本一本、半日くらいかけてずーっとやっていくところなんです。

――沖倉さんの市場デビューはいつだったんですか？

それが……そんなにすごい世界なのに、私は父（先代の社長）が他界したことで、入社六年目、三二歳にして買い付けの担当になってしまったんです。それはもう、右も左も分からない状態でした。

――それまで一人で市場に行かれたことはなかったんですか？

いや、外材の市場には一人でも行っていました。でも、国産材の市場となると経験がなかった。もちろん、父の買い付けに同行はしていたから、木のどういうところを見ればいいかという話は、細切《こま》れに聞いてはいました。ただ、いざ自分で値を決めて競るとなると、ちょっと自信がなかったですね。それに、父は市場では名の通った人だったから、息子の私が下手な値を付けたら、「なんだ、沖倉さんは息子に何にも教えてなかったんだな」って周りの人に陰口を叩かれるじゃないですか。父に恥をかかせられないという思いもあって……。

――では、市場には？

しばらくは怖くて行けませんでした。行けなかったというのは、埼玉の市場へ行けなかったという意味です。このあたり（東京都西部）では埼玉の市場が本場で、質のよい丸太がたくさん集まってきます。場合によっては関西のほうからも人がやって来る。ということは、当代の目利き自慢がその場に集結する。だから、あえてそこには行かず（笑）、知り合いがたくさんいる地元の小さな市場に通いました。そこで自分なりに木を見る目を養いたい、自分の力を試したいと思いまして。

そんな修業を一年半くらい続けたかなぁ……。ある日、お客さんから「質のいいヒノキの丸太が欲しい」という注文が入ったんです。そしたらちょうど、うってつけのヒノキが埼玉の市場に出るという情報が入った。こりゃいよいよかな、と。ある程度修業も積んだし、自信も付いたんで、そろそろデビューしてみるかと思って、本場・埼玉の市場に乗り込んでいったんです。

――いよいよですね。

でも、何もできませんでした。競《せ》りって、「三万！」とか、「四万！」とか、最初に口を開いて値を付ける瞬間がいちばん勇気がいるんですけど、その声が全然出せないんです。後出しだったらいくらでも言えるんだけど、最初の一声がねぇ……。しかも、そういう情けない状態はその後もしばらく続いて……。だから埼玉の市場では、欲しい丸太が十あるとしたら、毎回二か三しか買ってこれない。悔しいし、辛いし……。まぁ、そこは誰しも通らなければならない道なんですけど。

――そうした苦い経験があるからこそ今があるのでしょうが、当時の自分と今の自分では、木に対する考え方に違いが出たりしていますか？

うん、変わってきましたね。昔はとにかく良い木を安く買えばそれでいいんだと思っていました。けれど今は、良い木はそれなりの値段で買わなければダメだと考えるように変わっています。このところ、建築の現場で必要とされる木材がかなり少なくなっているでしょ？　このままだと木に関わる仕事をしている人たちは商売上がったりです。ではどうするかとなったとき、私の場合、地元・多摩産の木材で家をつくろうという運動を木材組合の人たちと始めることにしたんです。十年くらい前からですけど、これをきっかけに、製材所というのは木材を売るだけが仕事ではないんだ、と気づいた。木に何らかの価値を見出してあげることも、私みたいな仕事をしている者の使命なのかな、と。いまは環境問題がいろいろ取り沙汰される時代でしょ？　やはり地元の木材を積極的に使っていくのが自然な流れですよ。そのためには適正な値付けが必要なんです。木材のサイクルの川上に位置する製材所は、そういうことまで考えていかないと……。

あぁそういえば……最近は市場で若い人と競り合いになっても、最後まで競ることはほとんどなくなったなぁ。

——というと？

譲ってあげるんです。

——余裕の発言（笑）。

余裕ってわけじゃないけど……。自分も若い頃は負けず嫌いで、いったん市場に足を踏み入れたら絶対に負けねえぞって気構えで、あれこれもと競っていましたけど、いまは逆ですね。若い人と競り合いになったら、「こいつ、そんなにこの木が欲しいのかぁ」って、一歩引いた目で見てしまう。そういうときは潔く、「まいった！」と言ってね、さっさと降りてあげます。

なんていうのかな……いま、自分のなかで、木がものすごくよく見えてきているという実感があるんです。自分で言うのもナンですけど、このところの仕入れ、ほぼ毎回一〇〇点満点なんですよ。

新木場木挽の林

木挽《こび》き
何が見えてくるかは、まだ分からない

東出朝陽

大鋸《おが》と呼ばれる巨大なノコギリで丸太を刻んでいく木挽き職人。いまや完全に機械化されている製材業だが、かつては木挽き職人が一本一本丸太から刻んでいくのが常であった。もはや現役の職人は数えるほどしかいないという木挽きの世界、孤軍奮闘する若き才能は何を思うのだろうか。

——東出さんのような若い方がこの世界に入られたきっかけに非常に興味があります。どうしてまた?

叔父が大工をしていた関係で、高校を卒業したらその下で働かせてもらおうと思っていたんです。でも、運悪く叔父が病を得てその話はなくなってしまいました。そんなときちょうど、大工の話と入れ替わるように、木挽きという仕事があると教えられたんです。

さっそく仕事場を見学させてもらいました。なんとなくおもしろそうだなとは感じましたが、その時点では絶対に木挽きになりたいという強い思いは、それほど湧いてこなかったですね……何がきっかけだったんですかね（笑）。

――東出さんは、「最後の江戸木挽き職人」といわれる林以一《いいち》氏に弟子入りされるわけですが、弟子入りはすぐに叶ったのでしょうか？

いや、「来てもいいけど仕事はないよ」と言われながら半年くらい待たされました。その時点で親方が六九歳、一緒に仕事をされていた職人さんも七〇歳と七五歳の高齢で、弟子入りして半年経った頃には二人とも辞められました。それ以降、親方以外の職人が仕事をしているところを見たことがありません。

――修業の第一歩はどんなところから？

親方の大鋸《おが》（木挽き用の大きな鋸《のこ》）を借りて木を切るところからです。

――いきなり切るんですか？ 普通は雑用から始めて、道具を使わせてもらえるのは、たいていしばらく経ってからですけど……。

原木を切るだけなら素人でもすぐにできるんです。大鋸をまっすぐ引っ張ればいいだけですから。いちばん簡単な仕事をやらされただけですよ。

それを一年くらい続けたかなぁ……次にようやく「目立《めた》て」（大鋸の歯の調子を整えること）のやり方を教わりました。

――その、目立てをする大鋸ですが、これはお店に売っているものなのですか？ それとも特注でつくってもらうものなのでしょうか？

大鋸は自分でつくるんです。親方は自分でつくっていました。でも、いまは自分でつくる材料自体がなくなってしまいました。ですから鋸ばかりを扱う骨董品屋さんなどに行って、使えそうなものを分けてもらっています。そうやって自分で集めたものが二〇丁くらい、親方から譲ってもらったものが二〇丁くらい、あと、仕事で行った先の製材所にたまたま残っていたものを譲ってもらったりして……、いまは五〇～六〇丁くらい持っています。常に使っているのは十丁くらいで、残りはヒマなときに自分で手を入れて使いやすいように直しています。

――目立てができるようになると、次に教わるのが「墨《すみ》かけ」ですか？

いや、墨かけ（木取りのこと。木のどこをどう切っていくかを決める重要な工程）は教わったことがありません。これは教わって理解できるものではないんです。もし教えられるものなら、誰かがマニュアルを一冊つくればそれで事足ります。そうではなく、最初のうちは親方がかけた墨に沿って大鋸を挽きながら、原木からどのように板を取っていくかを身体で覚えていくんです。木のクセは一本一本違いますから、経験を積めば積むほど得られる知識も増えていく。それが少しずつ間違いのない木取りにつながっていくんですよ。

――たとえば、キャリア十年くらいの東出さんと、キャリア三〇年以上の銘木《めいぼく》屋さん（質のよい木材だけを扱う流通業者）では、木を見る目だけなら銘木屋さんのほうが上ということもありますか？

それはあるでしょうね。ただ、実際に自分の手で挽きながら養っていく目と、外から木を見るだけで積み重ねてきた経験とでは、やっぱり何か違うような気がします。同じケヤキでも産地や環境によって質が全然違いますけど、私には木を挽きながらその質を直接感じ取れるという強みがあります。木挽きの私にくる仕事って、単に「木を挽いてほしい」という依頼ではないんです——切るだけなら機械で切ったほうが早いですからね。そうではなく、木を見てほしいんです。一本の丸太をどう挽いていくのが、その丸太にとって一番いいのか——そうした「木を見る目」を養っていくには、やはり手を使って木を知っていくしかない、と自分では信じています。

——そこに木挽き職人の本質があるのでしょうね。いま東出さんは三〇歳代ですが、これからさらに経験を積むと、いまはまだ見えない何かが見えてくるのでは？——という予感がありますか。

うーん、それは分からないですね。おそらくこの取材、二〇年くらい早すぎたんですよ（笑）。だって、私としてはまだ何もしていない段階なんですから。成長途上にある先輩の木挽きも周りにいないので、この先自分がどうなっていくのか、まったく想像もつきません。

——でも、「何もしていない」と言えるというのは、「何かやるだろう」という期待の裏返しのようにも思えますけど？　その何かとはどういうものだと思います？

なんでしょうね。おそらく具体的なかたちとか、結果としての何かではないような気がしています。それが職人として何かをつかんだという感触なのか、単なる自己満足みたいなものなのか、それもよく分かりません。

——いま、現役の木挽きは東出さんを含めて、日本に二～三人と伺っています。自分が木挽きの歴史や伝統を一身に背負っているというプレッシャーみたいなものはありますか？

それはないです（笑）。木挽きは自分にとっては単なる職業の一つですから。コンビニのバイトと同じですよ。そもそも職人が少ないというのは、この仕事に需要がないからでしょう。

——ありませんか？

ないですよ。いまだって一カ月くらい仕事が空くときがありますもん。周りからはきっと、あいつヒマなんだろうなと思われてますね。それに、親方が三〇年前に挽いた板がいまだに新木場《しんきば》（東京都江東区。木材の加工場や倉庫が集中している地域）の倉庫に置いてあるんです。それだけでも銘木の回転がどれくらいのスパンか分かりますよね。良い木を挽き出しても、なかなかニーズはありません。そりゃ、昔のお金持ちだったらいい材木を使って木造の豪邸を建てたいと考えたかもしれませんけど、いまはお金があるのなら超高層マンションの最上階を借りたほうがいいという人のほうが多いんじゃないですか。そうなると銘木の需要なんてますます減る一方ですよ。

——たしかにそうかもしれません。では、ご自身はいかがですか。こんな家に住みたいという理想などあります？

こんなことというとアレですけど、実は住まいについてはほとんど関心がないんです。目の前にある木一本だけです、いま興味があるのは。

曳家《ひきや》
どんな建物にも急所ってもんがある

飯嶋茂

建物一棟を丸ごと曳《ひ》いて移動させるのが曳家の仕事だ。お寺のお堂など文化財を移動させる仕事も多い。現在も土地の区画整理などに絡み、そのニーズは根強く残っているという。夏場は地元（東京都八王子市）の祭支度で「仕事は中断」という飯嶋氏。地元の町内頭《がしら》にして、曳家歴三八年の大ベテランである。

——何歳から曳家の仕事を？

んー、ほかにやることもなかったから、十八のときからやってますよ。親父とその前の爺さんもやってたから、自分で三代目になるね。

——修業はどのようなことから？

修業？　うーん、現場に出たらそこから全部修業だよ。最初は曳くときに使った道具の後片づけとか、そんなことだね。うちは、「学校なんか行かなくていいから、仕事を手伝え」って言われて、小学校のときから仕事をさせられてましたよ。そのときは、交通整理をする警備員がいないから夜中に懐中電灯を持って立ってろとか、そんな仕事。その代わり、次の日は学校に行かなくてもいいからって。

学校といやぁ……昔は学校の校舎を木造から鉄筋コンクリートに新築する工事が多かったんですよ。そうなると古い校舎を仮校舎としてしばらく使わないといけない。だから、夏休みの間に校舎を丸ごと曳く仕事ってのがけっこうありました。それを十年くらい、夏休みの間は学校にずーっと通いましたね。勉強はしねえんだけど(笑)。

――いまはそういうスケールの大きな仕事は少ないかもしれませんが、曳家のお仕事自体は現在もコンスタントにあるのですか?

昔に比べれば数は減ってきたけど、相変わらず区画整理なんかがあるから、いまも年に十~十二件くらいの仕事はこなしてますね。住宅の場合、その家に年寄りがいれば昔からの家だから曳いてでも残したいと言われるけど、子供世代が一緒に住んでいる場合は、見積りを出しても、たいていは二世帯住宅に建て替えるほうを選ばれますよ。

――住宅以外のお仕事もありますか?

ありますね。ついこの間も古い土蔵《どぞう》を曳いたばかりで。土蔵みたいな泥壁《どろかべ》のものは、傷みやすいからとても気を遣いますよ。反対に、新建材を使っているような最近の建物は、少々動かしたくらいじゃ傷まないやね。そういう意味では、古いものを傷つけずにそのまま移動させる現場のほうが、曳家の仕事としては自分なりに納得できるといえるかな。

——家一軒を動かすのに、何人くらいの職人が必要になるのでしょう？

いまは機械を使うから四〜五人いればできますよ。でも昔は全部人力でしょ？　最低でも十人くらいはいたかな。うちにクレーンが入ったのは俺が十八歳くらいのときだったけど、それまでは全部手だから。十人くらいでやってたときは、年間で二五〜三〇件くらいは仕事があったような気がしますね。昔はけっこうあったんですよ、山の造成とかで。

——これまで、動かしたことで建物が破損したという失敗談などは、ありますか？

そうならないようにするのがわれわれの仕事ですよ。あまりに傷みの激しい部分があれば、上から補強用の板をかませてワイヤーで締めたりするけど、どんな建物にも必ずうまくいく急所ってもんがあるんです、レールを入れる急所が。

——建物を移動させるために敷く鉄骨のレールのことですね。とすると、そのレールをどの位置に挿入するかを見きわめるのが、曳家の腕の見せどころになる？

そうなるわな。レールは数を入れればいいというわけではなくて、必要最小限を一番いいポジションに入れていくのが肝なんですよ。レールさえ入れてしまえばあとは機械で上げるだけだから、そこまでがメインといってもいい。

——レールの位置をはじき出す根拠はどんなところに求めるのでしょうか？

それは経験しかないよ。もちろん図面も見るけど、難しそうな建物になると全体の骨組を調べて、梁《はり》の位置を見て、この柱にはどれくらいの荷《に》が掛かるかななんて計算して……ちゃんと見るべきポイントがあるんですよ。だけど、絶対にこの位置で平気だって言えるようになるには、おそらく二〇年くらいは経験が必要になるわな。

――二〇年ですか……。若い職人さんたちは修業が大変でしょう?

最近建てられた建物なら、十年も経験を積めばどう扱えばいいか分かるでしょう。だけど、古いお寺になると、十年くらいじゃまだまだ一人で支度《したく》はできないね。昔の建物ってのは、礎石《そせき》の上に直接柱が載ってるでしょ。だから、その柱にレールを沿わせてワイヤーで結《ゆ》わいてから曳くんだけど――昔は縄だからね。丸太に縄、角材《かくざい》に縄――若い人はそのワイヤーの結わき方をまず知りませんよ。うちの倅《せがれ》は、ようやく最近結わえるようになったけど、それでも十年くらいかかったかな。毎日そういう仕事があれば別だけど、年に何回もある仕事じゃないから……。

――やはり、時代を感じさせるような現場こそ、曳家の醍醐味ですか?

そりゃ、今の住宅より神社仏閣だよ。だって、苦労して引っ張ってもさ、この家もあと何年かして年寄りがいなくなったら建て替えるんだろうなと思うとがっかりするじゃない。その点、お寺はいったん持ち上げて基礎を打ち直せば、あと一〇〇年か二〇〇年はそのまま残る。青梅《おうめ》(東京都青梅市)のお寺の山門とか、鎌倉の円覚寺とか、つい最近も地盤沈下した部分に手を入れて元どおりにしたけど、そういう現場は愛着が湧いてくるよね。自分で建てたわけじゃないけど、何かの用事でそばを通れば、ついつい気になって見に寄ったりしますから。

——飯嶋さんが手を入れることで、歴史あるものがさらにその先へと歴史を積み重ねていくわけですね。

ま、そういう仕事ばかりじゃないんだけどな（笑）。ただ、古いお寺の床下を見ると、やはりこれまでも何度か手を入れた跡が残っている。「根継《ねつ》ぎ」というんだけど、地盤沈下した部分の柱を継ぎ足している。同じように、柱の腐った部分を取り換えていたり……。昔の職人もいろいろ考えてやってたんだなって、神社仏閣をやると、そういうものも見つけられるからうれしいじゃない。

——ただ、若い職人さんにとっては、その手の現場で経験を積める機会がこの先少なくなっていくという懸念がありませんか？

たしかに。俺はこの仕事を三八年やってるけど、神社の鳥居を曳いたのは二回きりだからなぁ。そういう意味ではいろんな経験を積める現場は少なくなっているかもしれない。だけど変な話、景気が悪くなるとわれわれの仕事はちょっと増える。建て替えるお金がないから、いったん曳いてしばらく様子を見ようって人が増えるんでしょう。さすがに、昔みたいに年に三〇件以上も仕事がくるってことにはならないだろうけど……。

きっと、やれば面白い仕事なんですよ。面白いんだけど……ねえやな、仕事が。ま、これからも少しずつ仕事は減ってくるかもしれねえけど、魅力だけは十分ありますよ、曳家の世界は。

洗《あら》い屋《や》
クスリで洗ってるんじゃないんだよ

海老沢博

柱・天井・縁側・板塀など、古くなった木の汚れを洗って取り除く職人を洗い屋という。汚れを洗い落とすだけでなく、木材本来の色艶を完全に甦らせるまでが仕事である。「こういう仕事があることをぜひ伝えておきたい」——洗いの仕事に一生を捧げた大ベテランは、いま、和風建築の未来を真剣に心配している。

——洗い屋さんというお仕事を知らない人も多いかと思います。

普通は知りませんよね。建設業界にだって知らない人がたくさんいるんですから。

洗い屋というのは、一般には古い柱や梁《はり》の黒ずんだ汚れを洗い落として磨きをかける職人のことを言います。新築の建物も洗いますが、ほとんどはお寺など、真壁《しんかべ》（柱や梁が見える壁のつくり方）の古い和風建築が相手になります。

——どうしてこのお仕事を選ばれたのですか？

父が洗い屋だったんです。終戦後、まだ父の手伝いすらできない小さな頃から、私は父の行く仕事場には必ずお供していました。行き先はたいてい料亭です。戦後ですから、料亭くらいしか洗いの仕事がなかったんです。そんな場所だから当然食べ物があって、私もいくらかおこぼれをいただけました。それが目的だったんですね。子供ながらに、（食べ物が）あるところにはあるんだなと思いましたよ。そうこうするうちに、自分でも洗いの仕事をするようになっていたんです。

——いわゆる豪邸や古いお寺などで仕事をされるときは、周りを汚さないよう、特に気を遣われるのではないですか？

ですから、普通の家でもそうですけど、洗っているときにちょっとでも水が跳ねたら、どこに跳ねたかすぐに見て確認する癖がついています。

二〇年くらい前かな。知り合いの左官屋さんが、あるお屋敷を紹介してくれたんです。先方には、「この洗い屋さんは名人だから」と、ずいぶん持ち上げてくれましてね。なのに、仕事を始めた当日に、台の上に置いていたバケツを畳の上にひっくり返してしまった。よりによって初日にです。でも、そこの奥さんが逆に心配してくれて、「洗い屋さん、誰だって失敗はありますよ」って。ほんと、あのときは恥ずかしかったなぁ。

——基本的なことを押さえたいのですが、そもそも柱や梁が黒ずんでくる原因は何なのでしょうか？

主には木の内部から出る灰汁《あく》のせいだと言われています。室内であれば、それに加えてタバコの煙、昔は囲炉裏《いろり》などで火を燃すことがあったのでその煤《すす》とか。生活のなかで出てくる汚れが混ざり合って黒ずむみたいですね。

——作業はどのような工程で？

まず、洗いを二回やります。一回目は汚れを落とすため、二回目は木本来の色を取り戻すためです。そのあとワックスで磨いて艶《つや》を出していきます。

——ワックスはオリジナルですか？

蜜蝋《みつろう》、カルナバ、パラフィンなどを混ぜて煮たものを、ガムテレピンで薄めてつくります。それぞれの分量がちょうどよい粘度になるよう、気温に合わせて調整していきます。ただ、何を何グラム入れるかは量って決めているわけではありません。すべてカンです。記録も一切残していないので、配合は私にしか分からないという代物です。

——洗いには苛性《かせい》ソーダを薄めたものも使うと聞いたことがありますが……。

本当ですか!? それは間違いでしょう。苛性ソーダは劇薬ですから、木が焼けてバサバサになります。色も抜けるからせっかくの木の色が白っぽくなるんじゃないかな？ 木は生き物ですから、できるだけクスリは使いたくありません。クスリを使わなくても落ちそうなら、水だけで洗うこともあるくらいです。

——水だけで？

落ちないようであればクスリも使いますが、それでも普通の家庭の台所にあるような洗剤を混ぜ合わせるだけで、特別なものは何も使いません。

――何を混ぜ合わせるんですか？

それは……まあ……普通の……

――企業秘密？

（笑）

――では、洗うための道具。これは何か特殊なものを使われているのでしょうか？

いまはナイロンたわしを使うことも多いですが、昔ながらの道具といえば、やはり「ササラ」です。真竹《まだけ》の皮を刷毛《はけ》状に裂いて円筒形に丸めたもので、職人が各自でつくります。これで木の表面を撫でこすりながら木目《もくめ》と木目の間の細かい汚れを落としていくんです。

――材料となる竹には良し悪しがありますか？

竹は脂気が多い真竹が一番いいですね。孟宗竹《もうそう》だと脂気がないし、きれいに裂くことすらできません。竹は水を吸わなくなる年末に伐採したものがベストです。おそらく、建設業界のなかで一番原始的な道具でしょう（笑）。

――ずばり、洗いのポイントは？

木目です。木目の流れに沿って洗うのが何より大切です。流れに逆らうと木が荒れてしまいますから。心持《しんも》ちの柱だと流れも分かりやすいのですが、木板だと木表《きおもて》・木裏《きうら》（樹皮に近い面を木表、樹心に近い面を木裏という）が分かりづらいので慣れるまでが大変です。あと、節《ふし》の周りや白太《しらた》（心材の外周部分。心材に比べて白っぽい色をしている）の部分は水を吸いやすいのでクスリが入りすぎないように気をつけなければなりません。もちろん樹種によって洗い方やクスリを変える必要があるので、現場ごとにいつも違う洗い方になります。

ただ、最近はそういう木の性質を理解していない職人が増えているようです。以前、知り合いの大工から連絡が入って、秋田杉で建てたお屋敷をクリーニング業者が漂白剤で洗ってしまって、赤身《あかみ》（心材の別称。赤みを帯びている）の部分が全部真っ白になっちゃったというのです。「海老沢さん何とかなりませんか」って泣きつかれましたけど、さすがにそこまでやられると私にも取り返しがつきません。そういう話を聞くと、この先和風の建築はどうなるんだろうって、最近真剣に心配し始めているところです。

——洗いに対する正しい知識をもった後進を育てていく必要がありそうですね。

周りにも弟子をとったほうがいいと言われているのですが、五年や十年で仕込めるような仕事じゃないから断っているんです。それに最近はこの仕事自体減っているので、若い人にやらせるのもどうかと思いまして……。本当は教えたいんですけど、口だけで教えられる仕事でもないですから。

——ただ洗っているわけではありませんからね。

ええ。洗い屋は本当に感謝される仕事なんです。磨きが終わると、「見違えました！」って皆さん喜ばれます。ご近所の奥様方も見に来られて、「いいわねぇ」と羨ましがられたり。ただ問題はその後です。奥様方が必ず言うのが、「ねえ職人さん、使ってる洗剤教えてよぉ」——特殊なクスリのおかげできれいになったと誤解されているんですね。

——本当は腕で洗っているのに。

そう。クスリで洗ってるんじゃないんだよ、と。たとえ同じクスリを使っても同じようにはならないんだよ、と言ってあげないとね。

宮《みや》大《だい》工《く》
やりたい気持ちをどこまで抑えられるか

金子浩晃

大工のなかでも、神社仏閣の建築や補修に携わる大工を特に宮大工という。法隆寺の大修理などを手がけた西岡常一氏が、この世界では有名である。しかし、「宮大工というのは、単なる言葉の上での概念では？」という金子氏。既成の価値観にとらわれない新しいタイプの若き匠は、今こんなことに悩んでいる。

――西岡常一さんの著書などには、宮大工というのはは――一般の大工もそうかもしれませんが、入門しても特に何も教えてもらえない。先輩の仕事を見て覚えるしかないとありますが、金子さんの場合もそうでした？

そうですね。ですから、小僧の頃は文字どおり、わざと遠回りばかりするんです。先輩に、「この材料、あっちに運んどいてくれ」と頼まれるでしょ。

するとわざわざほかの職人が仕事をしているそばを通りながら荷物を運んでいく。どういうふうに仕事をしているか横目で見ながら盗んでいくわけです。あるいは、休憩中に先輩がお茶を飲んだり昼寝をしたりしているときに、こっそり抜け出して彼らの道具箱を覗きに行く。入門当初は毎日がそんなふうでした。

――そういう行動は、周りも分かっていて許してくれるものなんですか？

いや、分からないようにやるんです。ばれると怒られますから。「お前、そういうのは俺がいないときにやるんだよ」って一応怒られる。ま、何をやっても怒られるんですけどね、弟子って存在は。

――では、やはり修業時代はつらかった？

それよりも、まず腹が減るのがつらかったですね。給料は手取りで月に五万円くらい。住み込みだったのでご飯は親方に食べさせてもらっていましたが、まだ若いからそれだけじゃ足りない。親方の家の畑できゅうりを盗んでかじったりして飢えをしのいだこともありました。あとは、つらいというより、何をやっても思いどおりにならないというのがイヤでしたね。鑿《のみ》一本研ぐにしても、周りはうまく研《と》いでいるのになんで自分だけ真っ直ぐに研げないんだと取り残されたような気持ちになって……。鑿は修業を始めてから十年くらい、朝・昼・晩、毎日のように研いでいました。

――宮大工さんが使う道具って、普通の大工さんのものとは違うんですか？

そうですね。僕の場合は二〇〇種類くらいの道具を持っています。つくるものによって道具を使い分けるので、自然と増えてしまいますね。先輩から譲ってもらったり、骨董市で買ってきたり……古い道具でも、いいものはけっこうあるんです。良い刃物には良い地金《じがね》がついているから、そういうのに当たると、鑿なども研ぎやすくなりますね。

道具で一番苦労したのは砥石《といし》でしょうか。良いものに巡りあうまで、砥石には相当授業料を払わされました。高いものだと十万円くらいするものもあります。だけど、高価なものがいいかというとそうでもない。片っ端から研いでみるのですが、十種類くらい続けて研いでいると、もう、どれがいいのか分かんなくなってきますね。

――初めて自分の仕切りで何かを建てられたのは、おいくつのときでした？

二四歳のときです。周りの人にサポートしてもらいながらでしたけど、お寺の小さなお堂を新築させてもらいました。ただ、一棟まるごと仕切るような仕事をやるようになると、ほかの職人や若い奴の面倒を見ながら、一方で現場もきちんと動かさなければならない――そういうプレッシャーが今度は出てきまして……。小僧の時代に鑿がきちんと研げないのもつらかったですけど、それに比べてもこっちのほうが遥かにつらかった。でも、そうした経験のおかげで今があるわけだから、いろいろやらせてもらった親方には、今すごく感謝しています。

――修業中、親方からはどんなことを教わりました？

やはり、水平と垂直、これですね。水平な土台の上に垂直に柱を立てる。これがすべての基本だと、事あるごとにそう教えられてきました。それは職人の生き方も同じで、真っ平らなところを真っ直ぐに進んで行くのがいちばんいいんだ、と。僕もそのとおりだと思います。基本にして究極。だから親方のもとを独立するとき、僕はこの言葉を屋号に使わせてもらったんです。

——というと？

うちの屋号は「かねいち工務店」というのですが、それは「矩《かね》」に「一《いち》」で「水平と垂直」を表しています（矩が垂直、一が水平）。水平と垂直を大事にする大工が仕事をしていますという意味です。「水平と垂直工務店」だとヘンですからね（笑）。

——そっちのほうがインパクトがあっていいかも。「水平と垂直工務店」に仕事を依頼したら、ビシッとした家が建ちそうです。

そうですか？　じゃ、いまから屋号を変えようかなぁ（笑）。

——ところで、金子さんの好きな建築って、どういうものですか？

うーん……サグラダ・ファミリアとか？

——意外。法隆寺みたいなものを予想していました。

もちろん、日本古来の建築も好きですが、別に宮大工だからとか、日本人だからとか、そういうのではなくて、純粋にいいものはいいという意味でサグラダ・ファミリアはよかったですね。実際あの場に立つと「気持ちいいな」と思いましたもん。あれって教会でしょ？　神様の建築ですよね。日本の神社なんかに通じるものがあるし、〝入ってくるもの〟がありました。

変な話ですが、僕は自分のことを宮大工だとは思っていないんです。考えてみたら、昔の大工は特別な人を除いて、お寺も住宅も両方こなしていたわけで、宮大工だから神社仏閣しかやりませんとか、伝統的な日本の価値観以外は認めませんとか、そういうヘンなこだわりはよくないと思うんです。木に関わることならなんでもやる、それが僕の理想です。木にはいつも感謝しているので。

もちろん、お寺にしろ住宅にしろ、仕事の精度にだけは最後までこだわります。ただ、実際にいただく手間（賃金）との関係もあるから、こだわりたくてもこだわれない場面も多々あります。この問題だけは、どんな現場でも常に悩まされていますね。

――利益を出すために、仕事をどこで「妥協」するか、その線引きが難しい？

こうやったらもっとよくなるだろうと思っていても、先方がそれ以上を望まなければ、そこから先は僕の趣味になりますもんね。大工といえども商売ですから、これ以上やると商売にならないというラインがあるのは分かっています。でも、やっぱり、どうしてもやりすぎちゃうんです。口で言うのは簡単ですけど、いざやり始めると止まらない。つい先日も、賽銭箱をつくっていたら、いつの間にか朝になっていました。それだけ夢中になれる仕事だというのは間違いないのだけど……いまは、やりたい気持ちをどれだけ抑えられるか、これが課題です。

宮彫師《みやぼりし》
たとえ金儲けはできなくとも

渡辺登

神社仏閣や欄間《らんま》など、建築に付属する装飾のための彫刻を施すのが宮彫師の仕事である。一説には、葛飾北斎の名作「富嶽三十六景・神奈川沖浪裏」の迫力ある波の造形は、「波の伊八《いはち》」と呼ばれた、武志伊八郎信由《たけしいはちろうのぶよし》という宮彫師の作品にインスパイアされたものと言われている。仕事は年々減っているという渡辺氏だが……。

——木彫りの装飾といえば、神社の賽銭箱の前で見上げたあたりに、龍や獅子が彫ってあるのを思い浮かべます。ああいうものは、何か決まった型みたいなものがあるのでしょうか？

正確にいうと、あれは蟇股《かえるまた》といって桁《けた》と虹梁《こうりょう》の間につける装飾です。特に決まった図柄はなくて、たいてい師匠が彫っていたものを弟子がそのまま受け継いで彫っています。それ以外だと、先人が彫ったもののなかから、いいものを真似して彫るとか。

私の場合は叔父が宮彫師だった関係で、中学を出るとすぐに、叔父に弟子入りしたのがそもそもの始まりでした。最初の修業は鑿研《のみと》ぎからで、それがある程度できるようになると、師匠が彫ったものに「仕上げ鑿」を入れて仕上げる仕事を任せられます。仕上げをしながら、そこに描かれている絵を覚えるんです。やはり、身体に染み付いたものほど頭に入りますからね。

どういう図柄を彫るかは、今も昔も注文主によってさまざまですが、最近はこういうものにあまり関心がないのか、「お任せします」と言われることが多くなりました。

——師匠以外の「作品」を見て勉強することも多いですか？

先人の仕事を見て歩くことは、とても大切です。たとえば、千葉のお寺に「波の伊八《いはち》」と呼ばれた名人が彫った「波」がありますけど（富嶽三十六景「神奈川沖浪裏」のモデルとなったといわれる）、あれなどは、遠くから波が出来上がってくる過程がありありと伝わってきます。出来上がった波ではなく、出来上がってくる波の動き。最後に砂浜でじゃぶじゃぶっとなるところまで、実によく出来ている。

——「波であればこういう型の波」というように、基本的な図柄自体は時代を超えて同じものが彫られているのでしょうか？

そうですね。だから、昔からある技術をできるだけそのまま継承していく——それが宮彫師としての私の使命だと思っています。いまでも暇さえあれば全国各地の神社仏閣を見て回っていますが、われわれは先人が彫ったものを見て自分の仕事にしてきました。そして将来、宮彫師になる若い人もまた、私たちの仕事を見て勉強していくことになる。そういうふうに、つながっていくんです。そのためには、いま現役の私たちが先人の技術を一つでも多く継承しておかなければなりません。

――とはいえ、渡辺さんなりのオリジナリティ、あるいは現代的なエッセンスみたいなものを先人の技術に融合させてみたいという欲は出てきませんか？

まぁ、それはありますよね。誰しも自分だけのものをつくりたいという気持ちは持っているでしょう。ただ、昔のものはあまりにも良すぎるから、何かしようにも大変です。すでに完璧に出来上がっているものにオリジナリティを出そうとしても、結局は同じところに戻ってくるんじゃないですか。変なものをくっつけてもおかしいだけですし。

――言われてみれば……。

鎌倉時代の仏像がまさにそうでしょう。どうやったって、仏さんとしてはあれ以上は無理です。われわれがやっている木彫りの装飾だって、おそらく幕末～大正あたりで完成されています。そう考えると……これからあとの時代を生きていく職人はもっと大変でしょうな（笑）。

――いま、若い職人さんはどのくらいいらっしゃるのですか？

ほとんどいないです。このあたりの組合の集まりに行くと、私らみたいな高齢者ばかりですよ。本来なら自分たちが育てなきゃいけないのだろうけど、なにせ仕事がないんだから来てもらってもねぇ……。

知り合いに親子でやっている職人がいましたけど、

つい最近、息子のほうは仕事がないからって外に働きに出るようになりました。

——ただ、若い人がこのまま いなくなると、近い将来、木彫りの装飾が必要になっても仕事を依頼する先がありませんよね。

でも最近は、中国や台湾からの輸入品も増えているから、細かいことを言わなければ別に困らないかもしれませんよ。

ついこの間、ある山に登ったんです。その途中に最近つくったらしい小さな水屋がありましてね、そこにさっき言った蟇股《かえるまた》が付いていました。それがなんと、ひと目で安物と分かる既製品なんです。機械で彫った、寸法の全然合っていない既製品を軒先にぺたっと張り付けているだけ。いまはこういうものもインターネットで売る時代なんでしょうな。それを張った大工は別におかしいとは思っていないだろうし、発注した人も特にこだわりがないのでしょう。だけど……「こういう飾りに手彫りの技術は必要ありません」なんて言っていると、そのうちいろんなところにツケがまわってくるんじゃないですかねぇ。

——伝統的な木造建築には今でも昔ながらの技術が残っているのかと思っていましたが、どうやらそれも怪しそうですね。

そうですなぁ……。あなた、こういうインタビューをなさってて、ほかの職人さんから、「昔はよかった」って話をされませんか？

——されますね。

そうでしょう。きっとそれはね、「昔は自分の仕事に、自分の技術を注ぎ込めたからよかった」という意味ですよ。近頃は大工さんと話をしていても、みんな元気がありません。お金を稼げないから元気がないんじゃない。仕事がないから元気がないんです。結局、職人というのは技術を発揮する場がなければ、いる意味がないんです。なんでもいいからってサイズの合わない既製品をくっつけるんじゃなくて、職人には職人の仕事をしっかりさせないと。職人というのは仕事さえあれば、多少お金が安くたって元気になるんだから。

――分かるような気がします。

それとね、私が古い木彫りを見て、何が一番うらやましいかといえば、その仕事にたっぷり手間をかけさせてもらったなって伝わってくることです。それだけ余裕があったのでしょう、お金も時間も。いまは先に金額ありきだから、彫れば彫るほど合わない、、、くなる。というか、ほとんどの場合、合わないです（笑）。そもそも、一つの仕事に満足な制作時間を与えてもらえる機会がまずありません。

かといって、この先、私の彫った木彫りを見るかもしれない孫や曾孫の代の人に、「あなたたちのご先祖はお金も時間も貰えなかったので、いい仕事ができませんでした」なんて、言い訳するわけにもいかないでしょ。だからね、たとえほとんどの仕事が赤字だとしても、そりゃ納得するまで彫りますよ。最後に残るのは私が彫ったものだけなんだから。

――ものによっては、この先何百年と残る仕事になるかもしれませんからね。

そう、たとえ金儲けはできなくても仕事の跡だけはきっちり残しておく。それが職人の技術ってもんですよ。

社寺板金《しゃじばんきん》

リズムをつくって叩くだけ

本田三郎

板金のなかでも、銅板《どうばん》を加工してお寺の屋根を葺《ふ》いたり、樋《とい》をつくったりする仕事を特に社寺板金という。板金加工の良し悪しが建物のデザインを左右する重要な要素となるだけに、アーティスティックな資質が求められる仕事ともいえる。が、本田氏に言わせればそんなものは二の次。彼らにとって一番大切なこととは？

——本田さんは神社仏閣の板金一筋ですか？

いやいや、修業した親方のもとでは普通の住宅ばかりやっていました。だけど、あるとき高幡《たかはた》不動尊（東京都日野市）の仁王門に葺いてある銅板を見て、「ああ、俺がやりたかったのはこういう板金だなぁ」と胸に沁みてくるものがあって……。それで独立して一人で始めたんです。

——では、社寺板金に関しては独学ですか？

社寺の板金で重要なのは感性です。もちろん技術的に難しい面も多々ありますが、それ以上に感覚的な部分が占める割合が大きい。修業時代から社寺一筋というような経験の長さより、自分でどれだけ勉強しているか、感性を磨いてきたか、そのほうがずっと大事なんです。だから私は、暇さえあれば、あちこちの屋根を一人で見に行っては感性を鍛えましたよ。それが自分流の社寺板金の修業でした。

――自身初の本格的なお仕事は何でした?

小さなお寺の鐘撞堂《かねつきどう》。そこは知り合いの大工の菩《ぼ》提寺《だいじ》で、その大工から直接仕事を頼まれたんです。実はその大工もそれまで住宅を専門にやっていた人で、ちょうど宮大工に憧れて独立したばかりでした。二人ともお寺の仕事はまったくしたことがなかったんです。でも、なんとか見よう見まねで……。

――そんな二人に依頼した、発注者の勇気を讃えたいです(笑)。

やっぱり、知り合いは大切にしておかないとね。経験がなくてもどこから仕事をもらえるか分かりませんから。こういう仕事は、口コミがないとなかなか広がっていかないですもん。

――ちなみに、未経験者でも新しい世界でうまくやっていける秘訣って何かあります?

そりゃ、なにより喧嘩をしないことですよ。こういう仕事をしていると、〈ここは俺のやり方でなきゃダメだ〉って思う場面も多いんだけど、だからといって喧嘩をしちゃダメ。そんなことしたって、何の得にもなりませんもの。ま、俺も若い頃はよく喧嘩してたから(笑)、生意気なことは言えないんだけどね。あとは、足りない技術があれば、人より働く時間を増やしてカバーする。そんなところですかね。

――ところで、社寺の屋根葺きにはほとんど銅板が使われます。それはなぜですか？

銅板ならどんな曲線にも対応できるからですよ。反面、銅には非常に繊細な性質もあるから加工は大変です。

――一番難しい加工は？

銅板の厚さはたいてい〇・三五ミリです。これを一枚一枚金槌《かなづち》で叩いて伸ばして加工していくわけですが――それをわれわれは「板をいじめる」と言います――、場所によっては厚さを半分以下にするところもあります。特に難しいのが「はまぐり」の加工。隅棟《すみむね》に葺く銅板をはまぐりというのですが、これは板につけるR《アール》（曲線の曲がり具合）が最もきつくなるところだから、ちょっと気を抜くとすぐに薄いところから銅板が切れてしまうんです。

――〇・三五ミリをさらに薄くするわけですから、金属とはいえ、ほとんど紙みたいなものですよね？

だから板を伸ばすときは、ある程度余裕をもたせて伸ばさないといけません。作業場ではきれいなRに加工できていても、いざ現場で葺くとなると、〈もうちょっとRを付けたいな〉と思って手でキュッと曲げることがあるんです。でも、伸ばしに余裕がないと、そこでピッと切れてしまう。

――繊細すぎて神経が磨り減りそうです。

金槌で同じところを二回叩いただけでも切れることがありますしね。道具を上手に使いこなせない人に、この仕事は無理でしょう。ただ、こればっかりは教えられてできるものではないから、毎日毎日ひたすら叩いて身体で覚えていくしかありません。

――銅板を叩いている間は、何か考えています？

何も……。リズムだけ。リズムをつくって叩くだけです。

――どんなリズムと力加減で叩けばよいかは、叩く前から見えているわけですか？

先にだいたい見えています。あとはイメージしたとおりに、リズムをつくって少しずつ叩いていきます。叩く金槌も、先が丸ければ板は傷みませんが、その分何度も叩かなければならない。逆に、先が細ければ叩く回数は減るけど叩き方にコツがいります。

――息子さんが跡を継がれているそうですが、そうなると、口で教えられることはあまりなさそうですね。

そうですね。今日も朝からずーっと一人で叩いていますよ。それにしても、これまで何人も弟子にしてくれって若い人がきましたけど、みんな一年ともちませんでしたね。現場に入ると一日中銅板の上でしょう。夏は暑いし冬は寒いし。作業場では同じ型の銅板を何枚も何枚も叩き続ける。そりゃイヤになるでしょうよ。ただね、そうは言っても、作業場での単調な仕事も、それはそれで大事なんです。ここの加工で板の矩《かね》（直角）が狂っていたら、現場での作業は全部ぶち壊しですから。

――Rも大事だし、矩も大事。

そう。結局、誰が見ても「いいなぁ」と感じる屋根は、曲線が自然に流れています。無理のない曲線

――これは板と板とのつなぎ方、平面から曲面への

接点の合わせ方、何段目の板からRをつけ始めるのか、そういう細かな仕事が積み重なって初めて自然な曲線がつくられるんです。それだけじゃありません。この建物はどの角度から見るのが一番映えるか、隅棟のカーブはどれくらいが最もマッチするか、そういう諸々を、担当する職人が全体を見きわめながらコントロールしていかないといけない。だから逆にね、俺らから見れば、この屋根はどこの板金屋の誰が葺いたかまですぐに分かりますよ。

――誰が葺いたかまで?

すぐ分かります。最終的な曲線の出し方には板金屋個人の感性が出ますから。図面上に計算で出したRより、自分の感覚で出したRのほうが自然だった、なんてよくある話です。この前もあるお寺の屋根を葺きましたが、文化財の研究をしているという大学の先生の描いたRがちょっと大きいと思って、私のほうで少しだけ詰めたんですね。そしたら先生、「ぴったり。図面どおりだ!」だって(笑)。Rなんて現場で合わせてみないと分かりませんよ。社寺の板金というのは、ある段階を超えると、職人それぞれの空想とか想像とかの世界なんですから。

――そうなると、社寺板金の職人にはアーティスティックな才能も求められますね。

いやいや、その前にまずは我慢ですよ。なにより忍耐力がないと務まりません。息子にもよく言うんです、とにかく我慢だと。私が口で教えられるのはそれくらいです。

岩崎尾店
岩崎尾店

瓦葺《かわらふ》き
最後は人柄を磨くしかない

岩崎貴夫

かつて、屋根を葺く材料といえば瓦以外には考えられなかった。しかし現在は、スレートや金属板といった〝新しい材料〟の攻勢で、瓦はそのシェアを奪われつつある。「でも、そんなに心配しなくてもよいのでは？」――代々瓦職人の家に生まれ、千年の都・京都で修業を積んだ四代目の目には、現代のシェア争いなどほんの一瞬の出来事にしか映っていないようだ。

――岩崎さんは瓦葺きの四代目ということですが、弟子入りは三代目のお父さんに？

それが違うんです。瓦って産地によってそれぞれ特徴があるんですけど、父は住宅分野のパイオニアである三州瓦《さんしゅうがわら》（愛知県）の本場で私を修業させたかったらしいんです。でも、親の敷いたレールに乗っかるのって、なんだかイヤじゃないですか。だから私は、大学を卒業すると何のコネもない京都に一人で乗り込んでいきました。
京都では瓦職人を養成する専門学校に入学して、同時に瓦葺きの親方にも弟子入りしました。弟子入りといっても、何のアテもありませんから、とりあえず京都の瓦工事協同組合を訪ねて、「どこか弟子入りさせてもらえるところはないでしょうか」と聞いてみた。そしたら、たまたまそこにいらした理事長に「じゃ、来週からうちに来いや」と言われて……それが修業の始まりです。

——なぜ、京都だったんですか？

これは京都に行ってから再認識したのですが、日本の建築の歴史って、「修繕の歴史」でもあるんです。古い建築物をどのような方法で修繕していくかという試行錯誤、その中心地が京都です。京都の建築は修繕がメイン、瓦も修繕が主な仕事。そんな修繕の本場で自分の腕を鍛えてみようと決めたんです。

——瓦の修繕依頼は、一般の住宅でも多いですか？

瓦葺きは、ものすごくスパンの長い仕事なんです。私がいまやっている仕事も、いくつかは私の祖父である二代目が手掛けた仕事が発端です。つまり、昔、新築した住宅の瓦を祖父が葺いた。その三〇年後、三代目の父が、瓦はそのままにして下地《したじ》の瓦桟《かわらざん》だけやり直した。そのまた三〇年後、今度は四代目の私が、下地を残して瓦だけを葺き直す。そうやって一つの屋根を長い時間かけて修繕していく家は、いまでも少なくありません。

——まさにサスティナブル、「持続可能」の世界ですね。

二代目が常々言っていました。「修繕のできない職人に良い屋根は葺けない」。そのとおりだと思います。ちなみに、修繕で昔の瓦をめくってみると、施工当時の様子がいろいろ分かって面白いんですよ。下に入っている花びらや虫を見れば、その種類によって葺いた季節が分かりますし、瓦についている職人の指の跡を見れば、いつ葺かれた瓦なのかもだいだい想像がつきます。はっきりついていれば夏だし、ついていなければ冬です。

――瓦は雄弁なんですね。

逆にいえば、瓦の修繕を経験していない職人は、長い年月で屋根がどう変化していくのか、屋根のどこが傷んでくるのかを知らないということです。傷んでくる個所を知らなければ、弱点を弱点とも知らずに新しい屋根を葺き続けます。そうすると、その職人が葺く屋根は、雨漏りの確率がどうしても高くなる。いま、うちの会社で職人のリーダーを務めている人は、元はハウスメーカーで新築の仕事を専門にしていた人です。でも、途中で辞めてうちにやってきました。「これまでの自分の仕事は本当の職人の仕事ではないと思って……」。そう言っていました。おそらく新築ばかりだと、だんだんその仕事に疑問をもってしまうんですよね。

――雨漏りするような屋根というのは、具体的にどんなところがダメになっているのでしょうか?

いまは材料自体の性能が上がっているし、施工もマニュアル化されているから、誰がやってもひとまず問題のない瓦が葺けます。問題は葺いた後。雨漏りの現場でよくあるのが、瓦に入ったひびに水が浸み込んできて起こる事故です。経験の浅い職人は瓦をビスで固定するとき、どれくらいの力で締め付ければよいかが分かりません。だから、ふとした弾みでちょっとだけ瓦の裏にひびを入れてしまう。それは一見ひびだと分からないくらい些細なものです。でも、そのひびに水が浸み込むと、冬になって中の水が凍り、瓦が割れます。もちろん、すぐにではありません。十年、十五年という長いスパンで起こる事故です。

——逆にいえば、いい加減な施工でも十年くらいはなんとかもつということですか？

そうなります。最近の屋根はルーフィング（瓦の下に張る下張り材）の性能がいいから、瓦の裏に水が回っても、ほとんどがルーフィングの上で食い止められます。ただ、どうでしょう。ルーフィングに頼るのであれば、瓦は最初から単なる化粧材（デザイン的に見せるためだけの材料）として扱えばいいわけです。

でも瓦って本来は防水材でしょ？ 雨を防ぐための材料です。瓦の屋根って聞くと、人によっては隙間がいっぱいあいていて、そこから水が浸み込んでくる弱い材料と思っているみたいですが、そんなことはありません。二代目、三代目が葺いた瓦を修繕のときに剥がしても、瓦の裏に水が回っていることはまずありません。だから、僕らの仕事が本当の効果を発揮するのは、二〇年後、三〇年後。材料の耐用年数を過ぎてからが本当の勝負なんです。

——瓦の素晴らしさはよく分かりました。が、最近の流行を見ていると、瓦屋根はあまりウケがよくないようですね。

たしかに瓦屋根の家は減っているかもしれません。でも、長いスパンで見ればこれも一瞬の流行でしかないのではとも思います。日本に現存する最も古い瓦は奈良の唐招提寺のもので一四〇〇年前のものといわれています。しかも唐招提寺は、いまだにその瓦を使っています。いまだにですよ！「これからは長期優良住宅だ、サスティナブル（持続可能な）住宅だ」という人がいますけど、私に言わせれば、日本の建築って昔からずっとそうですよ。瓦一四〇〇年の歴史を考えれば、ちょっとくらい瓦屋根が下火になったところで動じることはないだろうと思います。一四〇〇年前に完成された技術が、そう簡単になくなるとは思えませんもの。

——そうかもしれません。では逆に、二代目の時代と岩崎さんの時代、昔と今とで変わったところがあるとすれば、それはどこですか？

うーん、人柄ですかね。いまは職人に人柄が求められるようになりました。二代目の頃は、酔っ払っていようが、べらんめい調だろうが、仕事ができればそれでOKな時代でした。「あの人、職人肌だね」なんて一目置かれたりしてね（笑）。でも、いまの職人に求められるのは、お客さんに仕事の説明がきちんとできるとか、相手に不快感を与えないとか、技術以外の部分です。京都の専門学校の先生に言われたことで、いまだに覚えている言葉があります。「技術はそこそこやれば誰でも身につく。もう一歩上を目指すなら、あとは人柄を磨くしかない」。思いやりとか、人柄とか、最後にはそんなものが仕事に出てくるんだと言うわけです。おそらく、人間的に成長しない人は、職人としても成長できないってことなんでしょうね。

(有)下山表具建装

表具師《ひょうぐし》 ノリバケ十年

下山馬吉

表具師の守備範囲は広い。掛軸、屏風、衝立《ついたて》に始まり、ふすまの新調、張り替え、障子貼りなど、紙や布を張って仕立てる仕事ならすべて彼らの業務の範疇である。しかし近年はそうした需要が減り、壁や天井に張るビニールクロスが仕事の大半を占める職人も増えているという。この状況に、ベテランの下山氏は忸怩《じくじ》たる思いを抱いている。

——表具師になられたのは、どのような経緯《いきさつ》からですか？

実家は群馬の農家なんです。私が小さい頃はまだ道路も電気も満足に通っていないような田舎で、次男の私は中学を卒業したら、どこか外へ働きに出なければなりませんでした。その時分は就職難。国鉄に勧める口も勧められましたが、子供のときからスキー板とか橇《そり》とか、自分の手で何かをつくるのが大好きで、国鉄より職人のほうが性《しょう》に合ってるだろうと、東京で叔母夫婦がやっていた表具屋《ひょうぐや》に弟子入りさせてもらったんです。

――弟子入りして最初のお仕事は？

まずは朝六時に起きて作業場の掃除からです。それと雑用。親方と私の二人しかいないから、いいように使われましたよ（笑）。「豆腐を買いに行ってこい、アサリを買いに行ってこい、子供のお守りをしといてくれ……」。

――（笑）。いわゆる職人っぽい仕事となると？

そうねぇ……作業場でつくったふすまを、リアカーに積んで現場まで運んだり。そのあたりが最初の仕事ですね。

――五〇年くらい前は、ふすまの需要ってどの程度だったのですか？

当時は戸建てもアパートも、部屋はほとんどが和室でしたから、仕事の量は現在の比ではありませんでした。それに当時は和室にお金をかける時代だったから、同じふすま紙でも、高級な「本鳥《ほんとり》の子紙《こし》」を使って、縁には漆を塗るような高級仕様の注文が当たり前のように入っていました。それをまた、お施主さんが自慢できる時代でもあったんです。

――今は、そこを自慢されても何がすごいのか分からないという人も多いでしょう？

でしょうね。ふすまが一枚もない家で育っている人が増えているんですから。

――表具師が一人前になるには何年くらいかかりますか？

この世界には「ノリバケ十年」という言葉があり

まして……。

——ありますか！　桃栗三年的な言葉が（笑）。きっと、糊《のり》と刷毛《はけ》を自由に使いこなせるようになるには、最低十年はかかるという意味ですよね？

そうです。糊はもともと糊屋さんから買ってきたものに水を加えて溶かしていくのですが、その水の割合ですね。

——糊ってもともと固形なんですか？

ええ、固形の糊に水を加えて、一番使いやすい濃さに自分で調整していくんです。これは言われて分かるものじゃないから、やりながら覚えていくしかありません。失敗、失敗、また失敗の繰り返しでね。「ノリバケ」の「ハケ」のほうは、溶かした糊を刷毛にどれくらいつければよいかという加減。これが分かるようになれば一人前です。糊はちょっとでも余分につけるとそこから紙が裂けてきます。仕上げた直後は問題なくても、冷暖房の影響で紙が湿気を吸ったり乾燥したりすると「隅《すみ》ジワ」が出てくることがあります。特に最近は、どの家もエアコンを設置するのが当たり前になったおかげで、その手の失敗が増えているんです。余計に気を遣いますね。

——ふすまというのは、骨組が木材ですから、その狂いを読むのも大変でしょう？

ふすまの骨組は、骨屋さんという専門の職人がいて、そこで別につくってもらうわけですが、骨屋さんごとにそれぞれクセがあって、骨組に微妙な反りが出ます。そこはわれわれが下張《したば》りの張り方で調整していくんです。ふすまの下張りは、しっかりつくればその上に子供が載っても破れる心配がないくらい頑丈なものです。

——ちなみに、ふすまの骨に使う木材って何ですか？

うちは吉野杉を使っています。といっても廃材ですから、そんなに高価なものではありません。

——で、下張りが終わると？

下張りをしっかり張り終えたら、いよいよその上に仕上げの紙を張っていきます。仕上げの紙は、糊や手の脂がついてしまうと、何年かしてその部分がシミになったり黄色く変色したりするので、張る前に鉢巻《はちまき》で一度きれいに手を拭いて……

——えっ、鉢巻は手を拭くために巻いているんですか？

そうですよ。

——職人さんのコスプレみたいなものかと思っていました。

なかにはファッションで巻いている人もいるかもしれませんが、私たちは本当に手拭き用として巻いています。最近は、「壁に張ってあるクロスが黄ばんでいるのでなんとかしてほしい」という依頼がけっこうあって、お宅へ伺うと原因は職人の手についていた糊の跡だったということがよくあります。仕上げが雑な職人がいるんですよ。ふすま紙は最後まで丁寧に扱わないとね。

——障子《しょうじ》の場合も同じですか？

障子は建具屋さんがつくったものに紙を張るだけですが、ピンッと張るのは素人が思っているより技術がいります。それこそノリバケ十年。それに、糊がついて濡れている状態の障子紙は、きれいに切るのが本当に至難の業なんです。だから、よく切れるドスみたいな小刀を持ってきましてね、指を定規代わりに当てて、息を殺して一気にバッとやる。そうしないと、本当にきれいに切れないんです。

——まさに職人技ですね。でも、今はふすまや障子の仕事は減って、クロス張りの仕事が増えていると聞きますが……。

特に平成に入ってから、ふすまは急に減りました。洋室のワンルームが増えてきたからでしょう。なのでうちの仕事も、いまはクロス張りのほうがメインになってしまいました。ふすまに比べればクロスの仕事はずいぶん簡単で、あまり腕を見せるほどではありません。腕を見せすぎると、かえって経営が苦しくなりますね（笑）。一つの仕事に時間をかけすぎていると商売になりませんから。

——ただ、簡単なクロス張りも、破れやすい「和紙クロス」などの場合は仕上げが難しくなるのではないですか？

和紙クロスは糊付けを機械で一気にできないので、手間もかかるし、張り方も難しくなります。でも、鑿《のみ》や鉋《かんな》といった道具をたくさん使うふすまに比べたら、やっぱりずっとラクですよ。

そういう意味では、いまの若い職人ってかわいそうなんですよね。本当はふすまの仕事で腕を上げておいてからクロス張りの仕事をしたほうが、何かにつけていいんですけど……。私がそうだったから言うわけではありませんが、ふすま張りで鍛えた腕と、クロスしかやったことのない腕では、同じクロス張りでも仕事の質がどことなく変わるような気がするんです。

塗師《ぬし》
時代の流れに淘汰されていく世界で

牧野浩子

塗師とは漆塗り《うるしぬり》職人の古称である。
伝統工芸の一部として語られることの多い漆だが、自然塗材の一つと考えれば、フローリング床の塗装など、現代の建築にもその用途は意外と広がっていく。最後は、工芸品に留まらず新しい漆のスタイルを模索する女性塗師のお話。

——この連載で女性の職人さんにお話を伺うのは初めてなんです。

——あまりいませんか？　女性の職人は。

——最近は建設業界にも結構いらっしゃるようですが、たまたまお会いする機会がなかったみたいで……。

漆塗りの場合、表向きは男性の職人が多いのですが、下地《したじ》の工程や、お箸《はし》などの研《と》ぎ出しはパートのおばちゃんががんばっているので、実は女性が陰で支えている世界なんです。最近は大工さんのような力仕事の現場でも女性が活躍しているみたいですけど、そういう仕事は私には無理でしょうね。たとえ能力や体力があったとしても、男性に気を遣わせるというのもなんだか嫌ですし……。

――漆の世界に入られたのは、女性でも活躍できそうだったからですか?

ではないですね。漆塗りのような、時代の流れに淘汰されていく世界を愛おしく感じたというか……あるとき、昔ながらのものを残していきたい、伝えていきたいという気持ちが突如として湧き上がったからなんです。

私はもともとファッションの勉強をしていて、将来はファッション関係の仕事に就くぞ!と思って二二歳のときイギリスとイタリアに渡りました。でも、いざ行ってみるとファッションの勉強以前に、現地で日本のよさを再認識してしまったんですね。それで、ヨーロッパ滞在は二年ちょっとで切り上げて、帰国の三カ月後には先祖の故郷である青森で津軽塗りの工房に就職していました。

――ずいぶんと急な話ですね。

いつも、あんまり先のことは考えないようにしているんです。考えても無駄な苦労で終わってしまうことが多いので。今年から製材所の一角を間借りして仕事場にしているのですが、これも急に場所を貸してもらえることになって、気がついたらここにいたという感じです。おかげで、それまで機会のなかった大きな無垢材《むくざい》のテーブルを塗るチャンスも巡ってきたし、建築関係の仕事も少しずつできるようになってきました。

——漆というと、どうしても器《うつわ》のイメージがありますが、建築関係のお仕事も多いですか？

五年前に、ある建築家に依頼されて飾り棚を塗ったのが最初でした。本格的にはまだまだこれからですが、展示会などでお会いする建築家は皆さん漆に興味をもたれますね。拭《ふ》き漆仕上げ（漆を何度も塗り重ねる仕上げ方）なら床の間や床板に顔料の入っていない生漆《きうるし》を塗り込むだけなので、建築にも比較的簡単に採り入れられると思います。露《あらわ》しにしている梁《はり》に塗ってもいいいし、内壁でもアクセントとして使えば洋風の内装にも合うと思います。

——ちなみに、拭き漆だと塗りは何回くらいですか？

フローリングだと三回くらいでしょうか。テーブルだと十回くらい。でも、研ぎ出し技法の津軽塗りになると、最低三〇工程近くになります。

——研ぎ出しというのは？

たとえば輪島塗りなどは、一色塗りの上に金の蒔《まき》絵《え》を塗ったりしますが、津軽塗りの場合は先に凹凸のあるまだら模様をつけておいてから、何度も塗り重ねた後で、表面を平らにしていくんです。塗り重ねる途中に菜種《なたね》や炭を撒《ま》いたりもします。一通り漆を塗ったら摺《す》り込んでいく作業に入りますが、この工程を研ぎ出しというんです。下手な人だと、ここで研ぎつぶして下地が出てしまったり、良い艶《つや》が出なかったり、傷が残ってしまったりと、失敗してしまいます。かくいう私も、まだまだなんですけどね。

——最近塗られたもので印象に残っているものは何

かありますか？

直径一メートルくらいある切り株の表面に思い切り塗れたのが面白かったです。両手で抱きしめながら塗っているような格好で。

おそらく、性格的にも大きなものを塗っているほうが合っているんだと思います。私は、いわゆる漆《しっ》芸家《げいか》という感じではないし、伝統を頑《かたく》なに守っていくタイプでもないので、「建築空間にマッチする漆ってどんなものだろう？」って、新しい漆のスタイルを考えているほうが性《しょう》に合っているんです。

――たとえば、牧野さんの考える建築。理想の家ってどんなものですか？

やっぱり、木組みの日本家屋でしょうねぇ。とにかく日本的なものが大好きなんです。私、唯一憧れるのが白洲正子《しらすまさこ》みたいな生活なんですよ。うらやましいですよね。

――あー分かります、それ（笑）。漆と日本家屋と白洲正子。……それはそうと、漆ってやっぱり高価ですよね？

そうですね。国産の漆だと一〇〇グラムで六〇〇〇〜七〇〇〇円くらい。高いと言えば高いかもしれません。漆って一本の木から年に牛乳瓶一本くらいしか採れないんです。そこから攪拌《かくはん》して水分を飛ばしたりするから、実際に使える量はもっと減りますね。

――主に使われるのは国産の漆ですか？

いいえ、最近はコスト的に中国産が多くなっています。九〇パーセントくらいは中国産かな。肝心要《かなめ》の部分を塗るときだけ、国産のものを少し混ぜて使ったり。国産はさらっとしていて浸透していく感じがしますけど、中国産はちょっと粘り気が強いですね。でも、本来は品質の良し悪しというより、その土地で採取したものはその土地で使ったほうがいいのでしょう。

たとえば、社寺などに金箔を貼るときは漆を接着剤代わりに貼っていきますが、その場合は国産の漆を使わないと剥がれてしまうらしいです。ほら、よく外国の木材を日本で使うと腐りやすいみたいな話があるじゃないですか。あれと同じで相性みたいなものがあるんじゃないですか。あと、漆は採れる時期によっても品質が変わります。日本の産地としては浄法寺《じょうほうじ》（岩手県）が有名ですね。

――漆を塗る刷毛《はけ》は、毛髪からつくるそうですね。

そう、女性の髪の毛からつくるんです。なかでも昔は、海水に晒《さら》された海女《あま》さんの髪がいいとされていたそうです。でも、いまは海女さんって少ないでしょう。たとえいたとしても、いまどきの日本人なら大抵パーマかカラーでボロボロですよ（笑）。こちらのほうも中国に頼らざるを得ないのが、どうやら実状みたいです。

あとがき

本書の製作にあたり、何名かの職人たちと久しぶりに話をする機会を得た。開口一番、ほとんどの職人が「取材のときより、もっと景気が悪くなってねぇ」と嘆き節を唸ったのには、驚きというよりも少々可笑しさすら感じた。

ある職人は、職業病ともいうべき腰痛の悪化で転職を余儀なくされたと苦笑いし、またある職人は、仕事中に倒れた後遺症で仕事自体を辞めてしまったと教えてくれた。取材時からわずか数年で、職人も、職人を取り巻く環境もずいぶん変わってしまった。

取材当時も、彼らの話はどちらかといえばネガティブ基調だった。

工事単価が下がって、働いても働いても生活がラクにならないという賃金面の不満、工期が厳しすぎて目が回るほど忙しいという労働環境への不安、突然要望された設計変更の「意味が分からない」という設計側への不信……愚痴ばかりを聞かされたような気さえする。それでも最後には、「ま、やるしかないんだけどね」と、あきらめなのか、肚《はら》をくった覚悟の照れ隠しか、いずれそこはかとない余韻を漂わせながら、話は閉じられるのだった。

少なくともこの先数年、建設業界がバブル期のような活況を呈することは、まずないだろう。それでも彼らは、「ま、やるしかないさ」と、いつものように現場に戻っていくに違いない。そしてまた一つ、日本のどこかに、新しい建築物が建ち上がるのである。


最後に謝辞を。

三年という長きにわたり、三七人の姿をフィルムに焼き付けてくれたのは、フォトグラファーの西山輝彦氏である。概して、渋い・無骨といったイメージの強い職人に、あえて別の角度から光を当て、従来の職人像とは違う一面を大いに引き出していただいた。

また、装丁の稲葉英樹氏には、企画の段階から有意義な助言を数多く頂戴した。

この場を借りて御礼を申し上げたい。

二〇一二年九月

建築知識編集部（担当・藤山和久）

建設業者

2012年 9 月28日　初版第 1 刷発行
2012年11月29日　　　第 3 刷発行

編著者　建築知識編集部
発行者　澤井聖一
発行所　株式会社エクスナレッジ
〒106-0032　東京都港区六本木7-2-26
http://www.xknowledge.co.jp/

問合せ先
編集　Fax03-3403-1345／info@xknowledge.co.jp
販売　Fax03-3403-1829